了不起的中年妇女

格十三 著

人民东方出版传媒

东方出版社

图书在版编目（CIP）数据

了不起的中年妇女 / 格十三著. —北京：东方出版社，2020.2
ISBN 978-7-5207-1245-3

Ⅰ.①了… Ⅱ.①格… Ⅲ.①妇女文学 – 网络文学 – 作品综合集 – 中国 – 当代
Ⅳ.①I217.2

中国版本图书馆CIP数据核字（2019）第235811号

了不起的中年妇女
（LIAOBUQI DE ZHONGNIAN FUNü）

作　　者：格十三
绘　　者：林帝浣
策划编辑：鲁艳芳　张九月
责任编辑：黎民子
出　　版：东方出版社
发　　行：人民东方出版传媒有限公司
地　　址：北京市朝阳区西坝河北里51号
邮政编码：100028
印　　刷：北京图文天地制版印刷有限公司
版　　次：2020年2月第1版
印　　次：2020年2月北京第1次印刷　2020年2月北京第2次印刷
开　　本：880毫米×1230毫米　1/32
印　　张：10.375
字　　数：180千字
书　　号：ISBN 978-7-5207-1245-3
定　　价：48.00元
发行电话：（010）85924663　85924644　85924641

目　录

第二章

你看天边那朵云，像不像我老公

第四章

别得罪中年妇女，她们狠起来什么都学

第一章

给我一个中年妇女，我可以撬起地球

1

"爷性"中年妇女

在 1990 年的电视小品《超生游击队》中，宋丹丹说"时代不同了，男女都一样"，黄宏说"拉倒吧，实在不行了，男女才一样"。近 30 年过去了，现在的情况好像是"时代不同了，女人更强了"。

当年的我还不到十岁，断然领会不了其中的深邃。如今我已是中年妇女一枚，想起这段梗，看看如今的自己和身边人，不禁笑中带泪，泪中带着一股自强不息的仙气。

要说我们中年妇女到底是如何一步一步强大起来的，一下子还真说不上来。可能就是在一个又一个自己都难以置信的"成长"中，变成了钢铁战士了吧。

给大家讲一个小故事。

前阵子，有一天夜里，睡梦中的我被一阵刺鼻的油烟味熏醒了，一看时间凌晨一点半，不知道哪家奇葩这个点还在炒菜呢。扭头一看旁边呼呼大睡的老公，稳重得像个200斤的婴儿，他这鼻子大概是塑料做的，这么重的油烟味居然影响不了他的睡眠。

　　要是年轻十岁，我非把他一脚踹醒。年轻女性一般都"报复心重"，别管什么事，无论谁的错，只要是我不舒服了，都是老公的错，我没法睡，你也绝对不能好好睡。

　　但是现在的我不这么干了，我已经和其他中年妇女有一样的境界：我和男人并没有太大区别啊，反正大家都一百多斤。

　　于是我自己爬起来，走到厨房，此时空气里已经到处弥漫着浓重的油烟味，我只好打开抽油烟机，再把每个房间的窗户打开，房间里瞬间横灌着来自四面八方对流的西北风，顿时清新舒畅。

　　一个中年妇女，大半夜的，披头散发，衣不遮体，站在西北风的圆心，气贯山河，灵动飘逸，目光呆滞，神情凝重。

　　我心里盘算着油烟废气中的硝基多环芳烃浓度超标了多少倍，致癌概率提高了多少百分比，苯和氮氧化物浓度引起肺病的可能性增大了多少，深夜起来这一顿从里到外的收拾导致感冒发烧的风险增高了多少……

　　回旋的西北风夹杂着浓浓的劣质群租房油烟掠过我的每一寸

肌肤，我突然想到这毒气可能已经飘进了娃的卧室，于是赶紧狂奔过去打开娃的房门，三个气沉丹田式深呼吸，发觉没有太大异味，又赶紧关上门，翻出旧毛巾堵住了他房门的缝隙，塞得严严实实，这才放心。紧接着又马上从窝里抱起小猫，把它带到窗口让它换换气，免得它在废气熏陶中沉淀出什么怪病。

干完这一系列精神与肉体的苦力，我发现我已手脚冰凉，四肢发颤。在确认油烟味已经全部散尽之后，我把两台空气净化器扛到了房间正中央，再关好每一扇窗户，带着一肚子愤恨和"明天再这样就报警"的誓言，爬回床上。

这张床真是一个世外桃源，床上那位先生不知今是何世，乃不知有汉，无论魏晋。200斤的婴儿在睡梦中露出了甜美的微笑……

这时我想到了电影剧情，男主角对玛丽苏无微不至的关怀，事无巨细的照料，身先士卒的勇猛，玛丽苏瞪着呆萌的大眼睛，来不及思考一切，一切已经圆满完成。再看看此时此刻的我……

行，你才是玛丽苏，我是霸道总裁，这种半夜起来苦干一个多小时的事就让我来吧。

第二天早上我的气还没消，本打算让200斤的睡神好好根治一下油烟问题，结果人家一大早急匆匆上班，精神抖擞、气宇轩昂地拍门而去。

剩下我一个人又开始独自在风中凌乱地想象着废气对我家的毒蚀，越想越窝火，绝不能再姑息共用烟道这个巨大隐患。这天上午我打了好几个电话询问物业和水电工师傅，切磋良久发现这并不简单，需要先把吊顶拆了，堵住共用烟道，重新开个独立排烟孔。

在这个讨论过程中我了解了拆吊顶、打洞、装止回阀等纯爷们工艺，觉得自己又进步了。

毕竟像我这样既不会绣花也不会织毛衣的妇女，如果再不懂专业打孔和拆装吊顶，那我对社会也就没有什么价值了，会很颓废。

手忙脚乱中，我还为第二天公司培训会议重新整理和装订了之前漏掉的 66 页报告，在小助理失踪、同事个个没空、领导不断催促的情况下，在电脑、打印机、扫描仪的矩阵之中完成了一个五人小组才能干完的活。晚上回到家，继续研究我的"拆吊顶"和"止回阀"事业……

过了两天，我和我的几个好朋友一起喝咖啡，说到这个事情，其中一个单身男性的第一反应是："你应该叫你老公去干这些事呀！"

一个已婚女性朋友脱口而出："止回阀一定要买不锈钢的，抽油烟机自带的塑料件也最好换掉，时间长了都不管用了，淘宝有，我把链接发给你……"

另一个刚生完宝宝没多久的朋友不淡定了："男人结了婚会变得越来越笨，越来越懒，慢慢地变成啥都不会，啥都不想学会。就比如我老公，平时屁颠屁颠的，一到紧急关头就变成傻子。他爸妈在国外旅行转机时碰到问题，叫他打电话去沟通，他瞬间呆若木鸡，完全没方向，束手无策，要不是我左一个电话右一个电话，国际长途打了几十个，他爸妈现在还在欧洲徘徊着呢。所以这种抛头露面的事，现在都得我一个女人出去做。"

一圈男人目瞪口呆，而在座的中年妇女们纷纷表示这都不是事儿，早就习以为常了。

小路和稀饭是我的两个最要好的朋友。推荐止回阀的是小路，总结出"男人婚后越来越懒"的是稀饭。我们之所以能成为好朋友，大体也是因为不知从什么时候起，彼此发现对方都是那个"够爷们"的女性，才有了最硬核的共同语言。

不过像我们这样的全能型老婆，真的也算国家栋梁了。有了我们，中年男人们都能安心地去创造 GDP，而我们中年妇女都在安心地创造 GDP 的同时，安心地解决每家每户的后顾之忧。

这样细细一琢磨，这届妇女真不行，社会分工不明确，该自己干的必须自己干，不该自己干的也必须自己干。不过大多数中年妇女应该内心非常笃定，无法想象这世界上还有我们干不了、非得求助于男人的事（除了自己滚不了床单）。

说起滚床单，对很多中年夫妻来说都快成了 mission impossible 了。

中年妇女生活重心转向了孩子，很多人在有了孩子之后就开始夫妻分房睡了，各自工作上乱七八糟的事一大堆，自顾不暇，中年妇女还要和年龄抗争，对老公同样像是变了一个人似的，没了温柔和矜持，多了嫌弃和疏远，谁还有情绪酝酿葡萄美酒夜光杯，谁还有心思烛光夜曲小情调啊？

你还指望一个中年妇女像职业选手那样，动不动妖娆华丽地铺垫前戏，和一个横竖看不顺眼的老公缠绵悱恻？

不存在的，你是交公粮，我也不藏小金库，大家都是为人民服务，为的是富强、民主、文明、和谐、自由、平等、公正、法治、爱国、敬业、诚信、友善。

▌ 十三说

女人的"爷性"不是什么丢人的事，可以看作是一种进化。长久以来"女主内男主外"的片面价值观，使得很多人会把"太能干的女人"当成"异类"，不光是缺乏女人味儿，更是过于强势、不给男人面子的"可怕生物"。

时代不同了，至少在大多数婚姻生活中，尤其是育儿过程中，妈妈起到的作用是决定性的，集"宏观调控"与"微观操作"于一身，往往导致了已婚女人越来越强大，也就同时让她们的另一半不够强大，甚至逐渐衰退。

变强大是一件好事，但大包大揽并不是最优选择。有的放矢，有能力做不一定必须包揽，合理分工家务，才能让自己不那么辛苦。

正如我的朋友所言："多给老公机会，等于放过自己。"

2

签字之情

在"依赖性"这方面，这届中年女性可以说是异常刚强了。

前段时间我身体不大好，经常跑医院。人在医院里通常能花大把的时间用来思考、沉淀。我问了自己一个问题：我怎么又一个人来医院了呢？

然后又问了自己第二个问题：咦，我为什么要说"又"呢？

一个人跑了几次医院，做一系列检查，确诊要入院做个小手术。可偏偏又碰上老公工作最忙的阶段。咦，我怎么又说"又"了呢？

小路和稀饭经常说："都这把年纪了，看病哪能叫男人陪，多不懂事啊。"

稀饭上次低血糖犯病，给儿子报补习班的路上突然头晕，就蹲在地上歇会儿。正好老公打来电话，稀饭刚想说："我晕在路边了，快来救我。"没想到老公先急吼吼地说："我公司出大事儿了，我得赶快去工厂那边，今天可能赶不回来吃晚饭，你们不用等我。"稀饭吞下刚想说的话，条件反射地回答："好，知道了。"挂完电话，长叹一口气，幸好刚才没耽误老公的百年大计，否则多不懂事啊！然后自己站起来，稀里糊涂又混过一天，没倒下。

也不知道是怎么回事，我总感觉，每次一赶上什么比较大的事，猪队友就特别忙，经常一周有八天在出差。

这次又是，我周一要动刀，人家周二出差，一出就是一礼拜。

真是应了中年老母界的一句箴言："养兵千日，用时没人。"

我还没来得及抱怨，他来了一句："还算好，我周一能给你签字。"

我想了想，还真是。人到中年的老夫老妻，最大的用途可不就是做手术的时候有人给签字吗？

这可能就是所谓的"签字之情"吧。

我还没来得及组织语言，他又来了一句："要不我看看这次出差的八方谈判会议日程能不能稍微调整一下？"

哎哟吓死我了，八方会谈，百年大计，公司栋梁，业界劳模……作为后宫主位，我又岂能为了一己私欲阻碍这伟大而艰巨的事业呢？

万万不可啊，开个小刀这种事，就当是切菜的时候割到了手，能劳师动众吗？不能，我们中年妇女最大的优点就是懂事。

除了签字需要人，其他困难基本能自己克服，平常日子里不管是修修补补的小困难，还是看病治病的大困难，凡是能自己上的，尽量不拖家带口。

每天能演好一个懂事的中年妇女，可以说是整个家族的福气了。

我爸妈积极配合猪队友："工作也重要，这手术不是什么大问题，你去吧去吧，这有我们呢。"

永远不会在关键时刻掉链子的人，可能只有自己的爸妈了。

我这点小事说出来可能根本上不了台面，周围朋友的经历更是令人拍案叫绝。

有一位中年老母，带病给娃辅导完了功课后，自己跑到医院打吊瓶去了。她绘声绘色地描述了当时的情景：我换了一身最便于打吊瓶的行头，大跨步地冲进了急诊室，一吊就是三小时。上厕所的时候，我脖子上挂着包，嘴里咬着手机，一手举着吊瓶，一手提着裤子，姿势撩人，气势也绝不输人……

朋友圈里还看到过一些故事：

"让老公留在家里照看六个月的孩子，自己在清晨给自己叫了一辆救护车……"

"寒冬腊月家里断电断水，老公出差，自己半夜含着巧克力抵抗饥饿和寒冷，用棉被裹紧怀里的娃，一动不敢动……"

"远在国外出差的老公和千里之外的父母都忘了今天是自己生日，于是一个人吃了火锅买了蛋糕，边吃边打着工作报告，这种时候，眼泪是不存在的，因为腾不出手来擦，也没空酝酿乱七八糟的情绪，毕竟还要一脸微笑和冷漠地行走啊！"

这样的女子都有一种自带的江湖气质，她们每次看到那些就连脸上长个痘都要跟老公发嗲并求抱抱的女人，就像看到了尼安德特人在灌木丛里挠虱子一样，浑身不自在。

去年我妈做了一次腰椎间盘的大手术，我连续四天在病房陪夜，搞得疲惫不堪，趴在床边小桌子上工作，累得颈椎病犯了，头痛难忍。

家里这位直男老公问我："有什么要我做的吗？"我想了半天，实在想不出有什么事是可以甩手的，只能说："没什么，你在家把儿子带好就行了。"转身再忍着从头到脚的不舒服，照顾病床上的老妈。

出院后，我轻松下来开始发发小牢骚，遭到了直男反击："我问过你有什么要我做的啊，你说不要啊，可不能怪我啊……"

给我一个中年妇女
我可以撬起地球

对待直男思维，真的是一个死结。

当我回想时，发现真的有很多小事可以让他帮忙，但当时兵荒马乱的情境下，确实完全不知道他能帮上什么忙。再说，把孩子照顾好，大后方无忧，不也是他的功劳吗。所以，怪不得人，是我们自己太逞能了。

就这样周而复始的一次次披荆斩棘，把我练得越来越皮糙肉厚，也越来越自信。

能减少一个劳动力，就尽量别多耗人力，上有老下有小的我们这代人，分身不暇，必要的时候能各自专心顾一头已经非常难能可贵了，切忌手忙脚乱，乱成一锅粥。毕竟每个人都有自己不得不挑的担子，谁都不容易。

越到这种时候，越要理清思路，时刻记得做一个懂事的人。

我一个朋友，每次大家有点抱怨夫妻关系的时候，她就佛系地冒出来，轻飘飘地来一句："你们啊，都太矫情。告诉你们吧，我一直就假设自己是单身。我老公如果为我做了什么，那是额外收获，都是惊喜。这么想，你们就没那么多不满意了。"

听了这话之后我深受启发。

有天晚上，我在家里陪儿子玩、看书，拖着犯病的老腰艰难踱步，而他爹呢，塞着耳机躲在书房里听培训课程。我想叫他帮我拿点东西都没听见，更别说让他带娃了。我有种叫天天不应、叫地地不灵的感觉。

队友过了片刻走出来，伸了个懒腰："累死我了，又学了一晚上。还是你开心啊，陪儿子玩了一晚上。"

我就在心里默念："我是单身拖了个娃，我是单身拖了个娃。"

一转身看到老公顺手把儿子的杯子给洗了，心存感激："多好的男人啊，乐于助人，做好事不留名，简直是当代活雷锋！"

就这样，家庭和睦了，氛围和谐了，吵架也明显少多了。

带娃的时候，中年妇女告诉自己：情绪要稳定；对待老公的时候，中年妇女告诉自己：要懂事；走上社会，中年妇女告诉自己：这届妇女要强一点，更强一点，能自己干的就别拖累别人。仔细想了一下，除了生二孩还得麻烦男人，其他真没啥自己办不了的了。

▍十三说

夫妻做久了，看对方就如同一个用惯了的腰枕，治不好我的腰椎病，但没有它还真不舒服。所谓"签字之情"，就是当你不需要签字的时候，理解不到这种最深的亲情关系到底有什么用，直到发生的那一刻，你才明白，原来，签字之情的背后是永远无法被取代的一种依赖。

中年女人以为自己可以不需要依赖丈夫，其实内心深处依然抱有依赖的期待。最深的爱情，可能会在多年后体现在一句"等以后进了养老院，我还和你住一个房间"吧！

3

中年妇女强，则国强

以往，女人是一种喜欢追求"安全感"的物种，总是渴望从男人和身边朋友身上获取安全感。如今这届女性，尤以中年女性为甚，则是一种善于给他人制造安全感的物种，且一名女性创造出来的"安全指数"与年龄成正比。

这种安全指数是数据化的，是具有药用价值的，能治病。不仅能解决生理不适，还能去心病，给人以信赖甚至信念的力量。

前面提到过我的好朋友稀饭，她是一个如同哆啦A梦一般的存在。哆啦A梦的意义何在呢？即使在飞机上，她的包里也能掏出几乎所有你急需的东西，除了全套文具、各色针线、口罩、眼罩、胶带、耳塞、地图、零食、毯子、拖鞋、N次贴、计算器，还有各种各样的药……

稀饭的药包里粗略估计有十几种药，不知道的还以为她是跨国搬家。如果正巧我胃不舒服，她总能意外地救我一命。

其实，以往带孩子出行的时候，我也是这么周全的，大包小包，各种应急预案，退烧药、创可贴，能想到的都带上，总有一种"意外妄想"。而现在自己出门，却很马虎，两手空空，啥都不带。

稀饭已经给我们做了好榜样：我们已经过了"光顾着孩子"的年纪，从此以后，也要开始顾自己了，逐渐从小药罐子变成大药罐子，以后出门要带的东西和药品将越来越多。

仔细想想，我身边很多中年女性还真是这样的，已经养成了拯救世界的习惯，相当周全妥帖，比如包里总能随时拿出姨妈巾，解救身边小伙伴。

出门在外，和中年妇女为伍总是安全感更强一些的，因为她们经验足、心细、周全、踏实，她们的哆啦Ａ梦口袋是世界级文化遗产，有时更是救命稻草。

更优质的中年妇女，不仅保持军需充足，技术能力也是一流的，随时随地能拉出来上前线。就比如前阵子到凯恩斯出差的几天，身边这位优秀的中年妇女小助理，完成了全套临时赋予的任务：能开右舵车，会付停车费，能买菜，能烹饪，能规划日程，能策划活动，懂摄影，会Ｐ图，善于穿搭指导，会挑口红色号……我认为，出门在外什么都可以不带，只要带一枚靠谱的中年妇女，一切都搞定了。

至于为什么年轻的就不行呢？事情是这样的，自从上次一个22岁的妹子吵着要给我化烟熏妆，并且给我配了松糕底的女仆鞋，遭到我反对之后，我被她认定为"古板落伍僵化"，我只能说，我离年轻有点远了。

中年妇女最好的伙伴，一定是中年妇女。

今年夏天，应昆士兰旅游局的邀请，我和几位自媒体博主一起到凯恩斯做一个短期访问。刚到凯恩斯的第一天，一个同行的95年的妹子找我求助："小姐姐，我就带了一张银联卡，结果刷不了，取钱也取不出，现在身无分文，卡也不能用，你能不能借我点钱？"

第一，你出国这么多天居然只带一张银联卡；第二，你出国竟然不准备足够的现金……（我们中年妇女是没有这种勇气的！）

然而中年妇女天生有一种悲天悯人的特质，看到妹子这么惨，怕她饿死，我义无反顾答应了。然后妹子说："小姐姐，你先刷信用卡帮我把两个GUCCI包包的钱付掉吧。"

小姐姐我目瞪口呆，小妹妹海外赊账买奢侈品的故事有点超乎我的想象力，远远大过了"借钱解决温饱"的满足感。

年轻人的行动能力是极强的，小妹妹快速找到了我这个"付款人"以及一个当地"免税品担保人"，我们两张卡一刷，小妹妹一分钱没掏就拎着两个包包走了。

大妹子，你的岁月静好，是因为有人在替你负重前行啊……

看着售货员大快朵颐地记着账，乐呵呵地完成了关门前的最后一笔业绩，我内心一万匹羊驼奔腾而过，很想对她说："同志，怎么样，看到了吧，年轻女孩的购买力都是虚假的，我们中国的真实国力主要还体现在我们中年妇女身上，只要我们愿意，随手划个卡撸几个包包不在话下。"

问题是，我们并不随便撸。

据我所知，大多数中年妇女一般不大会没事花五位数的银子买两个豆腐块一样的小包。我们要买就买大的，毕竟里面要装得下药。

一场慷慨解囊的相助，我像个跨洋活雷锋一样，吃的是草，挤的是奶。和年轻人在一起，真的只能收获刺激和玄幻，收获不了安全感。

说到买包包这件事，又是我们中年妇女的一段佳话。包包这件事，从一个侧面反映了这届中年女性对世界的态度，对物质的态度，是"越来越买得起"与"越来越不需要买"之间的辩证关系。

自从学习了"法国女人不背名牌包包"的教科书级气质培训

之后，我现在凡是出国旅行，一律背个帆布袋子，越是看着像是去烧香，越是自我感觉良好。

每个女人都有一段或长或短的"迷恋包包"的岁月，而大多数女人的这段岁月都集中在"买不起包包"的时间段。越是买不起，越是想要买。谁还没有几个透支了几个月工资买来的奢侈品？

到了某个年纪，追求的东西不一样了，买包包的热情也就降低了。

如果一个中年妇女依然和年轻时一样在追求包包，那只有两种可能：（1）这么多年来她没有产生新的追求；（2）钱太多了没其他东西可买。

如今越来越多的中年妇女，出门在外都入乡随俗了。比如我吧，虽然腰缠万贯，财务自由，温饱没问题，但也和身边众多不再追求那些物质层面的女性朋友一样，已经达到了更高精神追求的境界水准，远远脱离物质炫耀，不再是一身价格昂贵、效果却很 cheap 的行头。然而我们却可能会在大都会博物馆花三百多刀买一个全牛皮无 logo 大黑包，装得下奶粉尿片止痛药，真正做到了"低调的奢华"，至少每次有人问起来，都可以暗自窃喜地给他讲述在纽约买包包前后的一连串故事。

这是中年妇女的智慧。

我发现，如今中国的中年妇女有一大特点，就是看得透。就凭这一点，走到国际上都能走路带风。

这很大程度上归功于中国老母心灵鸡汤喝得多＋各种婚姻指南看得多＋在带孩子的路上经历的沟沟坎坎比其他国家老母都多。

她们尤其善于用哲学思辨的方式点拨年轻人，动不动出来一套处世理论，时不时地出口成章。如果来个以"婚姻家庭与育儿"为主题的世界巡回演讲，我想绝大多数中年妇女都会张口就来，毫无压力。

中年妇女对社会起到的作用，主要还是哲学方面的。

前些天和几个年轻姑娘聊天，她们说到和自己的男朋友相处的困惑，大家都说"不敢早早结婚"，理由是"想要独立的生活"。

她们你一言我一语，好像很有共鸣，自我感觉很有道理的样子。

中年妇女我实在听不下去了，拍案而起："你们啊，too young too simple，sometimes naive！"

我不是故意抬杠，只是我真的看不下去了："婚姻和独立并不矛盾啊！"

妹子带着一副果敢而无畏的神情，在习以为常的包揽众人赞美认同的眼光里，突然吃了钉子，竟无语凝噎。

妇女强
则国强

为了证明我自己，我特意补充了一句："我已经结婚十年了，儿子都上小学了。"

　　妹子们的眼神仿佛在说："你不用带儿子烧饭做家务陪作业的吗，怎么跑出来玩了，这和剧本不大一样啊……"

　　"我也有很多的家务事，要逼迫自己照顾好孩子，也要处理很多恼人的关系，这是婚姻的必然，但我还是独立的。我还是保证自己拥有喜欢做的事，不屈于生活放弃爱好，还是努力做到每年一到两次抛夫弃子来一次远途旅行。当然，平时也尽量多地制造互不伤害的活动和约会，是作为一个女人参加，而不是作为一个妻子和妈妈。"

　　妹子们此刻可能被震碎了，你知道，很多年轻姑娘，本身就涉世未深，开化较晚，对这套哲学体系了解不多。

　　"独立是精神上的，不管你结不结婚，独立的人永远是独立的，只不过结婚会改变你展现独立性的方式，但不会改变你独立的本质。如果你说因为结了婚就不再独立了，那你本身就不是一个独立的人啊。"

　　妹子说她记下来了，要发到网上去。可惜她没有问我名字，如果问了，我会说："请叫我中国优质中年妇女！"

　　想象一下，网上"90后"妹子的"关于婚姻与独立"的帖子获得了当日最多赞，而这是来自一个最平凡普通不过的中年老母的随口日常小金句。我们这届中年妇女，还有什么事没看透？不存在的。

我们几乎都是哲学家，都是生活的智人（当然，是直立行走，体毛退化的），已经达到了兴邦强国的高度。

她们不光能在电脑键盘和锅碗瓢盆之间切换自如，还能同时驾驭PPT与扳手螺丝刀，不仅限于包揽家庭教师、心理辅导员、哲学家、两性专家和老中医的角色，更重要的是不仅窝里玩得转，也能出去撑门面，走出国门之后还能继续花式炫技，为国争光。

她们对自己的国际地位是高标准严要求的，是不甘任由只剩半个脑袋发量的中年男代表亚洲的，更不甘让出没于免税店的血拼一族为自己代言，中国的中年妇女们需要自成一派，技压群雄。

要达到的效果是：表面风平浪静，不动声色；仔细一琢磨：哇，高端，中国妇女有水平，还加了些细节在里面……

正所谓：妇女强，则国强。

十三说

女人真的是无时无刻不在成长。年轻时我们没有学会那么强大，不是我们不学，是生活还没有给我们机会学。最好的老师就是生活本身。

尊师重教，尊敬生活所教给我们的一切。有时候看着年轻姑娘潇洒地活在非常自我的世界里，一边心里暗暗感慨着自己的成熟、懂事、体贴和强大，一边其实也在偷偷羡慕和嫉妒着她们。可怎么办呢？生活只能往前走，我们只能为今天的强大喝彩，尽管有些强大的背后积累着一些心酸和孤独。

4

结婚十年，我活成了大哥的大哥

今年春天，我们约了几组好友家庭一起去爬山，爬到几近虚脱，孩子他爹递过来一瓶水。我正想着，今天对我真体贴……我含情脉脉地接过水，他柔情似水地望着我，对我说："大哥，帮我拧下瓶盖。"

经过了十年婚姻磨砺，拧瓶盖的那个人终于成了我。

以前，我也曾是那个明明拧得开也非要假装拧不动的小萝莉，如今这一身阳刚之气还不都是拜爷俩所赐。当年一手抱娃一手拎包一侧肩膀还要夹着电话，照样能单手拧瓶盖，人称"瓶盖杀手"。

这并没什么值得吹嘘的，跟我们一同爬山的朋友，车开到半路，发动机报警。老公坐在车上满头大汗地找保单，翻说明书，查电话；老婆三下五除二支好了三角架，打开引擎盖，戴上手套，盖上一块布，轻轻拧开水箱，加了一桶水，好了。

经过了十年婚姻磨砺，修车的那个人也终于成了老婆。

以前，我也曾是那个连油灯亮了都不敢再开一米的小萝莉，如今这一身爷们儿气质不也是拜爷俩所赐。别管碰到啥故障都能以迅雷不及掩耳之势问度娘，勇敢地尝试各种手段，只要能赶紧搞定，别耽误我接孩子，让我钻车底下都成。

这届中年妇女普遍不甘平庸，大多数都不想成为大哥的女人，也不想成为大哥本人，她们最后成了大哥的大哥。

若是手无缚鸡之力，没点纯爷们儿技能，不能像孙悟空保护唐僧一样保护好自己的队友，都不好意思行走江湖。

现在，只有当两个中年妈妈在一起的时候，才突然有了性别意识："哎哟，你的口红不错哟~""你的包包也挺好看的，呵呵"……两句简单的寒暄之后，又开始不自觉地讨论起墙面裂缝的处理技巧和止回阀质量哪家强。

两个纯硬核中年妇女，兴致高昂地沉浸在一个不讲究性征的二次元世界里，彼此陶醉，如同奔波儿灞和灞波儿奔一起研究唐僧肉的一百二十种吃法。

上周我接受一个采访，坐在我对面的两个"95后"妹子问我："如果让你用一个词形容你的读者群，你会选哪个词？"

我说:"我的读者群可能是以硬核老母居多,个个都是扛把子。"

妹子问我:"什么叫硬核老母?"

我说:"这个很难解释。"

"能不能举个例子呢?"

"设想一下,你正在吃饭,坐在你腿上的娃突然用力一憋,然后你感到一股暖流从他屁屁里涌了出来,温暖着你的双腿。你面不改色,心里想着先把剩下的这口面条吃完吧。带着一股天然肥料气息,在屎尿屁的浸润中,你不慌不忙地一边吃,一边伸手摸了摸娃的屁股,沾到了黏糊糊的物体,放到鼻子前闻一闻,确定今天娃的消化没有异常,色泽透亮,形状稳定,于是放心了,吞下了碗里的最后一口汤……"

两个妹子听得目瞪口呆,桌上的两杯热巧克力再也没碰一口。

硬核不硬核,主要取决于三大方面:

(1)凡是男人能干的事,我们都能干;男人不能干的,我们还是能干。

(2)凡是能一个人干的,绝不要第二个人帮忙。

(3)凡是干不好的,非得努力钻研到干好为止。

这些年,我见过不少硬核老母。

她们坐下能喝烈酒，起身能开飞车，趴下还能撑一会儿plank。

她们上一秒在厨房巧手煲汤，端着高脚杯温婉端庄；下一秒就能拿起滑板，给娃来个"Frontside 180 Ollie"示范（在娃爸摔得狗啃屎的时候）。

她们一双慧眼看得懂名画也拆得穿谎话，一双巧手画得了浓妆也通得了下水道。

她们能穿着高跟鞋扛着娃飞奔追公交车，也能换双人字拖胯下运球，背身试探步过人和三步上篮……

她们家庭的分工明确——

女人做女人该做的事，比如组装家具、拆装电器、墙上打孔等一切需要用螺丝刀、扳手，甚至冲击钻、电锤等工具的活；再比如消灭蟑螂、购买填缝剂、寻找蚂蚁窝并捣毁；还比如跟孩子的老师打交道，跟同学的家长打交道，管理学习事务和择校事宜，并全面梳理所有课外班的宏伟蓝图……

男人做男人该做的事，比如……比如……加班出差和上厕所……

用我的一位生物学教授朋友的话，也许最能提炼出这届硬核老母的风姿：

我是个可以给提子剥皮的女子，也是个可以给兔子缝皮的女子。

我可以在免税店精挑细选最适合自己的口红，也可以在一桶猪蛔虫里挑出最肥美的雌虫。

我可以温柔地和孩子讲安徒生童话，也可以冷静地分析《24个比利》。

我可以泪眼婆娑地不忍直视女儿抽血，也可以毫不犹豫地走进实验室在尸体边讲解人类的生殖腺。

我可以在烛光下抛媚眼，也可以在冷风中翻白眼。

我可以手无缚鸡之力，也可以一手抱娃，一手五个超市袋子自己提。

我可甜可咸，可淑女可骂街，可萝莉可御姐，可女王可女仆……

因为我是个老母。

成为一个老母，可能是走向硬核的关键转折点。

我有个朋友怀着二孩，有一天下午她觉得自己要生了，她给老板整理完报告，给下属交代完工作，打电话给自己的老妈，布置了接外孙的任务，然后给自己叫了个车，大摇大摆地下楼，等车时和物业工作人员聊了一下空调制冷问题，最后云淡风轻地来了句："不说了，我先去医院生个孩子。"

生完孩子的第三天她出院，第五天月嫂进门，她亲自招待，介绍家里情况，讲解电器用法，指导战略方针。月嫂问："产妇在哪儿？"

变成大哥的大哥，除了自身的识时务和努力，也离不开队友的鞭策。

刚结婚的时候，我划破个手指头都要哼哼唧唧，队友心疼得小心翼翼又不失专业水准地帮我消毒包扎。

如今，我肚子上打洞取个胆结石他都不问疼不疼，可他耳朵进水，去门诊抽一下水他都打电话要我陪。等我赶到，才让医生动他。

刚结婚的时候，过年去谁家都要问来问去好几遍，队友总是充满体贴又不失风度地把策划书递交到我面前等待审阅。

如今，万事不管的队友一心扑在工作上，不知有汉，无论魏晋，离过年还有三个月，我便已经把行程定好，各家红包年货备好，只等时辰一到大喊"行动"，感觉自己就是独立团团长。

娃生病的时候，天边的云在祖国正南方发来两道闪电，在天空划出四个金灿灿的大字："大哥，你上。"

亲子运动会，出故障的云因感冒不得不卧床，告诉我"两人三足比赛这种活动最适合促进母子关系"，鼓励的眼神中飘出四个雄壮的大字："大哥，你上。"

老师来家访，他泪眼婆娑地望着我，仿佛在说："大哥，你上。"

小升初填一大堆表，他深情款款地望着我，仿佛在说："大哥，你上。"

他家长辈过生日得准备礼物，他手足无措地望着我，仿佛在说："大哥，你上。"

婚姻的意义在于相互成全。感谢你，好兄弟，成就了我实现mission impossible。

经过交流我发现，硬核老母的老公们是最有安全感的一类人群，对我们的依赖和放心，超乎我们想象。

有次参加一个时尚亲子派对，我们几个老母特意打扮了一番，花枝招展，耀眼万分，大家出门前提议各自问一下自己配偶："我们这么美地出去，你不担心吗？"

我们配偶的回答分别如下：

（1）担心啥，带个娃，连流氓看到你们都嫌麻烦；

（2）我只担心你别吃撑了把裙子炸开，又要买衣服了；

（3）有点担心，你们凑到一块儿别再又团购车载冰箱和吸尘器了啊。

我们彼此之间的信任和坦荡，还不是全靠平时哥儿俩点滴的情怀积累？

如今，我们铁打的夫妻兄弟情，别说放心对方花枝招展出门去玩，即使都脱成半裸伫立在对方面前，大家都不动邪念，胸怀坦荡。

有一天出门前，我们正在换衣服，孩儿他爹突然对我说："你那么能写，何不即兴赋诗一首？"

在我蕾丝小吊带滑落肩膀的一刻，队友正把他圆滚滚的肚子挤进牛仔裤，两人欣赏着各自独有的性感，此情此景果然激起了我的诗兴——

你我，

在对方45度斜角的余光里，

心无杂念欣赏着彼此的大哥，

那眼里的纯粹，

像极了爱情……

这就是大哥和大哥的大哥之间的日子。

结婚前，我们女人找对象的标准是：他要能给我安全感。

十年后，我们的老公好像比我们先实现了这个愿望……

十三说

这篇《结婚十年，我活成了大哥的大哥》火遍全网之后，我家孩子他爹感受到了一丝丝来自社会的压力……连他的小学同学都来表示羡慕，说："兄弟，你家大兄弟可真不错，哈哈哈！"我老公自然是客气地回答："哪里哪里，彼此彼此。"对方也毫不遮掩地表示："我家那位大哥的大哥也是相当不错的！"

你看，新时代的男性是有素质的，他们不会追求那种"家有娇妻"的虚荣，而是坦诚直面新时代女性的强大和刚毅，并且也不会因此而觉得自己在家里失去了地位。

真正平等的家庭和婚姻关系，一定是性别弱化的。

5

一大拨中年妇女正在从朋友圈消失

昨天，我在朋友圈里看到朋友发了自己和女儿旅行时的一张合影，突然感觉已经有好久没有看到她的动态了。

翻了翻她的朋友圈，上一次发的时间是 2018-12-9。

接着我意识到，好多以前在朋友圈比较活跃的中年老母，如今发朋友圈的频率越来越低了。

感觉有一大拨中年妇女正在从朋友圈消失。

对好多中年妇女来说，朋友圈是一块附庸风雅的高地，而自己越来越没力气爬上这块高地了。谁还没有过曾经在这块高地上风月如诗、情怀如酒、阳春白雪、自怜自艾的过往啊，可如今，跳进了自己挖的坑的中年妇女们，走出了洼地……

可能有人不理解：发朋友圈这种随性小事，哪来那么多原则啊？

看来你需要了解一个中年妇女从"想发朋友圈"到"不发朋友圈"的心路历程。

假如你是一个中年老母，周六一大早爬起来给娃做早餐，然后带孩子去几十里外的一个著名补习机构上课，在陪读的间隙找了个咖啡店坐一坐。曾经我也干过这样的事，这么风雅的环境会催生出中年妇女发朋友圈抒怀的多巴胺。

她可能会这样发：

取消　　　　　　　　　　　　　　　　发表

陪读妈享受片刻岁月静好🥰

对着自己编辑好的内容反复看好几遍，突然心里会想——
这么苦楚的一个人还在这里装什么岁月静好啊！
于是删掉刚才的文字，重新编辑：

周末一大早又是陪读...只能吃一顿抚慰自己操碎了的心😭

刚准备发送，想来想去觉得心里的火越来越大——

别人还以为一杯红茶一块蛋糕就能打发我这个优质中年老母，万一被孩子他爹看到还以为我陪读的日子过得有多舒服！

于是又删掉刚才的文字，重新编辑：

取消　　　　　　　　　　　　　　发表

老娘踏马一周累死累活！周末也不能休息！那个当爹的！平时不见人周末还开会！简直是刷流氓！
妈妈生妈妈养妈妈辅导妈妈接送妈妈陪读！老娘喝完这杯就去砸了那家补习班然后离个婚！

啊！现在终于感到痛快了！

然后删掉了所有文字＋图……

最终这个状态没有发到朋友圈，所以你看不到背后暗藏的这些惊心动魄又细腻如丝的内心波澜。

看似没发朋友圈，但她用意念发了 N 遍，包含了美好、健康、阳光、悲愤、歇斯底里、神经质，以及世界上永远不会有第二个人知道……

然后，收拾收拾，接娃回家，做饭，正好孩子爹也该起床了……

中年妇女越来越不爱发朋友圈主要不外乎这几个原因：

第一个原因：懒得花时间和精力去"装"。

其实中年妇女真的很少有什么"新朋友"，朋友圈里的人基本都知道彼此的真实长相、做饭水平、子女水准、老公发量、消费水平、才华能力、显摆技能……

比如像我这种懒人，根本从来不会做饭的，偶尔有一天拍了一桌子美食发到朋友圈说 home made，想换来大家拍手叫绝，但等到的可能会是：

叫的外卖吧？

你家来新保姆了？

你会做饭？别逗了。

你做的？一定要先试一下都熟了吗？

神经病啊，我不要面子的啊。

有些事，装一阵子行，装一辈子难。中年妇女都很明白这一点，于是选择淡出装腔作势的舞台。

对于女人来说，人到中年，基本上人设已经固定，无需费力维护，是骡子是马不用拉到朋友圈遛也能知道。

而我们在朋友圈这种寸土寸金的地方，又不能撒野，也不能匿名乱发泄，说的东西要考虑到积极健康阳光向上……唉，不知不觉变成了鸡汤……

然而，要知道，人生感悟、励志金句什么的，会给人一种"这位中年妇女还不成熟"的感觉。

在中年妇女朋友圈里几乎看不到的内容基本有以下几类：

买了什么奢侈品

吃了顿很贵的饭

和老公秀场恩爱

说到底在这个大家都买得起、吃得到、有老公的圈子里，装，也是很累的。

更重要的是，每到夜深人静的时候，当别人最放松的时刻，却是老母们最紧张的时刻，大多放松不下来。陪写作业和复习迎考的妈妈们此时哪有空去经营什么网络生态，自己家的生态还搞不平衡、烽烟四起呢。

第二个原因：分组麻烦。

常听朋友说："唉，我发个朋友圈也就屏蔽 200 来人……"

其实中年妇女并不是厌倦了朋友圈，她们只是爱分组了。

前些天有个妈妈说，儿子得了一个比赛大奖，含金量还不低，她忍不住发圈炫耀了一下。但觉得让领导和同事看到会觉得过于高调，于是屏蔽了"工作分组"；让孩子同学的家长看到会显得炫耀，于是屏蔽了"同学家长"。出于各种顾虑，最后屏蔽的人数有100多个，而她朋友圈一共才300人……

最后想来想去，也没什么好发的，算了吧。

关键是有一些分组，你是既想让他们看到，又怕被他们看到，比如当你想发一条"加班过多容易猝死"的链接到朋友圈的时候，你是想让老板看到还是不想呢？

好为难啊。

更重要的是，中年妇女的朋友圈有时根本身不由己，老板、老妈、老公、老公的朋友、同事、同学、老师都在那看着。如果真的做自己，恐怕很快就逐渐没朋友了。

当我发完一个朋友圈，满脑子想得最多的一个问题是：我刚发的那条要不要撤回……

这么想想，正常人也快精神分裂了。还是什么都不发，又省事又省心。

第三个原因：无人喝彩或者拉仇恨也很不自在。

大多中年妇女最初都难逃"晒娃狂魔"的命运，她们的理念是"我娃天下最可爱"。

而每个老母在孩子逐渐长大，看到后来者前赴后继地晒着宝宝的时候，才会明白那句话：除了自己的娃，谁的娃都丑……

现在唯一值得中年妇女动动手指跟大家分享的"娃的动态"，基本就是"黑娃"，作文写得有多狗血，把家里弄得有多乱，干了什么欠揍的事，惹了什么祸……这些都是很好的素材，可以帮助你在朋友圈树立人设。

因为中年妇女都变得懂事了——只有把自己的倒霉事说出来，才能让别人开心开心。

如果一个中年妇女晒娃没有动力、不美颜也不敢发朋友圈，晒恩爱怕死得快，那能发朋友圈的内容更是越来越少了。

朋友圈不是拿来记录孩子日常生活，就是作为工作宣传，至于自己的私人生活，那就像地下恋情一样，严防死守。

在朋友圈里做一枚人畜无害、岁月静好的中年妇女，连自己都觉得被陶醉。

第四个原因：归根结底是因为中年妇女想得太多。

中年妇女好像都有点偶像包袱，不凹好姿势不能发朋友圈。

而现在，就算好不容易凹好了姿势，蓄势待发，突然间也可能会被一个意外搅乱了心情。这个意外包括但不仅限于猪队友掉链子、父母生病、孩子犯错被老师点名、工作烂摊子被踢到了自己头上……任何一点小事，都能让中年妇女丧失了发朋友圈的意志力，妥妥地隐身于网络（也不会轻易被发觉）。

有些事情放在朋友圈让人围观，刚开始觉得挺有趣，没过多久就觉得有点傻。中年妇女的精神境界不是一般人能理解的，她们爱得快恨得快，笑得快哭得快，所以变得快。

当然，傲娇也是中年妇女远离朋友圈的一个原因。以前是太在乎别人的想法不想发，现在是太不在乎别人的想法所以懒得发。每次看到小姑娘们大冬天穿着超短裙吃火锅都能刷屏的时候，中年妇女都能露出老奶奶般的慈祥笑容，心里默念着："年轻真好啊，你们就等着感冒上火吧！"

越独立的中年妇女越不爱发朋友圈。有时感觉自己的生活真的平淡无奇，只想看别人的热闹，却不想被别人看到自己的生活。看完一圈热闹后发现：这些热闹也不是我想要的，还是我的生活比较好……

最重要的还是中年妇女看透了生活，努力做到看破不说破，说多了都是错。虽然内心还是汹涌澎湃的，但更多时候会选择在疏而不离、包容度强的微信群里吐吐槽，即时排解点喜怒哀乐。

虽然自己越来越少发朋友圈，但我们很鼓励别人多发。当我们颓废沮丧的时候，瞄一眼朋友圈就能瞬间 high 起来，尤其是看到谁家老公和娃又挨骂了。

十三说

有时候，突然想起了某个久未联络的老友，想翻翻她的朋友圈，却看不到什么近况，就会有点失落。心想：也许她最近很忙？怎么也不和我联系？

但转念一想：忙碌也许是一件好事。中年女人让自己忙碌起来，少一些阳春白雪的牢骚，少一些稀奇古怪的抱怨，总比一直在朋友圈里吐槽生活的遭遇，像祥林嫂一般唠叨种种难处要好很多。年纪越大，越渴望一些真正属于自己内心的、只有一个人才能听得到的声音。

我直接发微信给她，聊聊彼此的近况，约一下有空喝杯茶。淡淡的不远不近的距离，彼此都舒服，想要对方听到的话语，也自然会说。

6

摧不垮的中年老母

大多数中年老母都有点病，有的大有的小。

这听起来很不美好但实属正常，一是到了该生病的年纪了，二是操心焦虑的事多，三是无暇照顾自己。

比如我吧，身怀多种小毛病闯江湖，上乘的颈椎病加上资深老鼻炎搭配一点世界级疑难杂症连中医都治不了，本以为已经牛到决胜华山之巅了，定睛一看，身边女同胞们个个都是好汉，有些甚至才三十出头的年轻妈妈，都已经是药罐子了。

惭愧，惭愧，是在下输了。

除了这些明着病的，还有些暗物质的，比如十个妇女中有八个都拥有的"抑郁"和"狂躁"交织，喜怒无常，这都是精神上的病，没几个当妈的能躲得过。

然而，病归病，该做的事还是一样没落下，矫情和孱弱好像不属于这届妇女。

前阵子看了一篇文章叫《摧毁一个中年人有多容易》，看完不禁唏嘘，文章里那些脆弱的中年人啊，估计都是男人。

中年老母是铁做的，要想摧毁，起码得用核弹。

这个社会正投射出一种莫名的假象，好像女人都没有危机、没有压力、没有烦恼、没有撑起一个家似的……非常有趣的是，天天把中年危机挂嘴上的大多是男人，整天惜命怕死的也大多是男人。

比如我家200斤的巨婴，平时看着可健硕了，看他活蹦乱跳的情形，我一直认为他能给我养老送终完了还能再活50年。

可是只要稍不留神一感冒发烧，这位大哥就吓得像是要先走一步了似的，赖在床上，一脸惆怅，翻来覆去，哼哼唧唧。反复研究医生给开的药，把说明书读十几遍，万一有个不舒服就怀疑药物中毒了，要上医院。

喊他吃饭，他无动于衷；叫他起床，他充耳不闻；让他起来带娃，他说"我这样一个病号，还怎么能带娃啊"……

这种情况在我们这种中年老母身上是绝不可能出现的。

上周某个早上，我一边忍着不明原因的肚子疼，一边开车送娃去考级，后来稍微好点了就把肚子疼这事给忘了。第二天早上又疼，发现事情不对，把儿子送到爸妈家，交代完上午的功课和任务，灰溜溜地自己跑去了医院。

医院人很多，等化验和等拍片的间隙，我连续发了三条微信给我妈：（1）该练琴了。（2）中午早点吃饭，下午1点还要去上课。（3）上课的地方不好停车，停到后面的小区里。

总感觉我不在家，他们什么事都搞不定。

检查完了，确诊胆结石＋肾结石，医生直接来了一句："得手术。"

回来后跟好朋友汇报了这件事，她飞奔到我家，跟我说："不要拖，还是快手术吧，我去年刚做过这个手术。"

她眉飞色舞地描绘了当时发觉疼痛和查明病因以及治疗手术的全过程，像是在回顾美好的青春一样。

她说："你的结石有多大？"

我说："10×8，你呢？"

她说："你好像没我大，我记得两个都是双数，医生说我是他见过最大的。"

我说："哇，你好大。"

两个胆结石病友互相攀比谁的结石更大，就好像别的姑娘在攀比谁的钻石更大一样。

你几克拉的？才9克拉？没我大……

前阵子，我姐夫三天两头来我家避风头。原因是他公司被合并重组，他被派到某个分公司去任职，他认为是被打压了，被排挤了，被架空了，一副职场失意的落魄样子，终日郁郁寡欢，借酒消愁，我姐老和他吵。

这种行为在我姐那种纯爷们眼中一定是不允许的，她认为这不是个事，总有办法的，但是反复教育开导都没用。

那你辞职啊，他又不敢。

所谓"被摧毁的中年人"，可能这也算一种吧，外力催一下而已，毁你的是你自己。

反而是女人耐挫能力更强一点，什么事都能当成鸡毛蒜皮。

记得有一年暑假，我送姐姐和她五岁的儿子去机场，他们参加一个夏令营，出发前几天姐姐把脚崴了，最终还是一瘸一拐地上阵了。

我目送她扛着大包小包带娃远去的背影，就想了一个问题，如果换成我，我会怎么做？是会跟孩子说"对不起，我去不了了，取消吧"，还是会和姐姐一样忍着病痛照样上呢？

我想我也会选择后者，体验一下全程"金鸡独立"也是一种人生乐趣，值得后半辈子拿出来反复炫耀了。

当妈以后，有太多时候并不是因为老想着什么"伟大的母爱"而牺牲自己顾全家人，而是因为一种习惯，自然而然就那么做了，因为母亲的习惯就是照顾孩子。

在照顾自己和照顾孩子之间，习惯性地选了后者。

那些病痛啊、困难啊、磕磕绊绊啊，都无力改变这种习惯，于是，击垮一个中年老母真的很难。

很多和我差不多年纪的老母，干的惊天动地的大事能写成小说。

比如为了躲过公司裁员而不惜又怀上二孩的。面临这样的人生转折点，男人们可能任凭命运的裁决了，女人还有一技之长——怀孕了，裁不掉。

简直是重新定义了"为母则刚"的意义啊，一旦当妈，惹不起惹不起。

中年妇女为了抗拒命运，照顾家人，胆子不是一般地大，思路不是一般地清晰。

几个月前，我的老同学，被称为"郭黛玉"的体弱多病的坚强老母，连夜排队去给娃报名某抢手辅导班，结果蹲点不到一小时就低血糖不舒服，眼看就撑不住了，赶紧召唤过来一个黄牛，谈好价格，口头协议＋支付定金，一切搞定之后，放心地坐在地上晕了过去……

这是有多不爱惜身体，我们真不鼓励这样的逞能。

不过我现在也有体会了，有时候不是我们不爱惜，是来不及爱惜，以为忙完了就有时间爱惜了。爱惜身体这件事有时候得排队，因为总有更棘手的事等着做。

不是我们豁达淡然，是没有什么更好的选择。难道有点小毛小病就从此卧床不起，自怜自艾，把孩子踢给家人，把工作全部放下，然后仰望星空感叹命运无情等候所有人来关怀安抚举高高？

不存在的，我们这种已婚中年老母都是沙漠里的战士，不进则退，仙人掌里挤出水来，先给娃灌上，才轮得到自己洗伤口，就算不小心倒下一会儿，也不忘了摆出优雅的姿势，高声呐喊：扶我起来，我还能再报一个暑假班……

▍十三说

人们常说"为母则刚"，这么短小一个成语，落实到生活里，可就绵延不尽了。过去的公主病、小矫情、软弱，在经历了带娃这场大型战役之后，都会不知不觉地消失。

不过有时候太逞强的妈妈们真的心里不太快乐，原因不在于觉得自己太累，而在于自己的付出和牺牲并没有得到重视和认可而产生的委屈感。

适当的示弱是生活的调味剂，在偶尔觉得很累、想轻松一些，甚至是想无理由地偷个懒的时候，试着对家人说：帮帮我。这不代表我们被摧毁了，这表示我们成了更完美的自己。学会示弱，学会表达诉求，不等同于软弱。

7

中年妇女不怕生病，又最怕生病

从小到大，我以"体格强壮"著称，七大姑八大姨们教育自己的孩子时都拿我当榜样："你看人家，不挑食，长得圆滚滚多结实！"以前我觉得那是真夸我，而且我真的感觉自己的身体一直都挺好的。十几岁的时候，我一度很不喜欢被这样夸，因为开始"爱美"了。"结实"和"壮实"这种词，哪个女孩子会喜欢？

20出头的时候，为了漂亮，我努力模仿别人的穿着打扮、神态动作，有段时间觉得会芭蕾的姑娘真优雅，从没学过舞蹈的我竟然在家自己练压腿，怎么摧残身体都不觉得过分。

自从有了孩子之后，逐年下降的身体素质，开始让我觉得，原来"结实"和"壮实"是多么难能可贵的优点啊！生完小孩之后，剖腹产留下的后背麻醉伤口，总是隐隐让我觉得自己这老腰怕是好不了了，弯腰给孩子换个纸尿裤的工夫，就感觉直不起腰来，担心自己残了。

以前晚睡熬夜，第二天早点睡就能补回来；现在熬个夜，一周都缓不过劲来。

从前两年开始，每年体检都有一点小毛病；再后来，小毛病被医生警告"不断变大"，胆囊结晶成了胆结石，小肾结石变成大肾结石。去年，这些毛病在同一时间爆发了。

我先是住院做了胆囊手术，手术后没多久，肾结石攻击了我几次，痛不欲生，之后做了肾结石的治疗，折磨了好一阵子。

在这漫长的极其折磨人的一段日子里，碰上了我妈的腰椎间盘大手术，打了十个钢钉进入腰椎，住院两周，天天陪夜；还碰上了更难熬的——儿子小升初。

我住院做"保胆取石"的时候，心里在想：这几天还有两个客户预约的文案要提交，于是给自己订了一间单人病房，并找了充足的理由："难得住院一次，不得对自己好一点吗？"于是，那次住院反倒成了我难得的一次休养机会。手术的确很小，也没有太大疼痛，手术完当天我就下床了，晚上就打开了电脑。第二天一早，递交上去的文案要求修改，我又花了 40 分钟搞定。

弄完后，看到儿子的班级微信群里，老师发了两张表格让填，我又打开电脑。

每次护士进来，看到我都是坐着的状态，我以为她会非常惊讶并且劝我快躺下不要动，但护士说："现在的女病人都很厉害，上次住这儿的一个妈妈，有三胞胎儿子，儿子来看她的时候，她还起来给儿子默写唐诗，还批改了三张数学卷子。"

哦，那我真不算女强人了，我才一个儿子要忙活，而且，还有人帮我带着他。

有时候看到其他妈妈三头六臂，扛着大包小包，双手还各拎着一个孩子，大的要教育，小的要哄，真心佩服得不行，大大小小里里外外，唯一顾不上的就是自己。

家人对我这种行为很是愤怒，我爸妈严厉批评我："躺在病床上怎么还工作？！"我只想告诉他们，生这点小病，做个小手术，有什么大不了的，我们中年妇女一点都不怕生病，什么都阻挡不了我们继续按部就班地照顾孩子、打理工作、妥妥地搞定生活里的杂乱无章。

儿子小升初那段时间，真的令我焦头烂额，由于我的后知后觉，关于升学的政策啊步骤啊等等预案，我都没有提前备妥，一时间被很多朋友洗脑说要赶紧准备起来。

那几个月，每天要留意各个学校公布的招生信息、参观通知、考试计划，等等。心里总有一根弦紧绷着，特别累。偏偏那阵子，肾结石发作了，疼得打滚，不断呕吐，折腾几天，甚至急诊医生也没辙，只能给我一针杜冷丁，让我晚上能好好休息。

这时候我觉得我是真怕生病。之前那个生了病也活灵活现，在病床上还忙里忙外的我，已经消失。现在我觉得我绝对不能倒下，手里千头万绪的事还在等着处理，小升初的关键节点，滴水不漏才能进行下去。

中年女人，不怕生病，但最怕的也是生病。爱惜身体，是为自己，更是为了家人。

好在时间慢慢过去，一切都有所进展和好转，待处理事项从紧要到不紧要一一罗列，儿子的事，家里的事，身体的事，工作的事，最终都有了结果。

我也不觉得自己有多伟大和不易，看看身边的朋友们，每一个都经历过这些，就像吃饭睡觉一样正常，克服自己的身心障碍，把所有事做到最好，起码是尽心尽力。

十三说

可能有人不理解，男人感冒发烧都哼哼唧唧躺在床上喊救命，女人发着烧忍着痛还能驱车十几公里接送孩子，她们不怕身体受不了吗？她们不怕死吗？她们这是不是故作伟大、为了彰显母爱的与众不同，给自己立丰碑？

其实我们在做这些事的时候，根本没空想这些。我们只知道：在自己体能和精力还撑得住的时候，在最后一分力气丧失之前，能做的事还是要做的。女人有一种强迫症——"有些事我不做就没人能做好"，这是一种近乎扭曲的完美主义自我要求，但正因为这个，让女人看起来更累，但也同时更强悍了，经受的磨砺也多了，综合素养都更强了。

8

岁月静好，人间值得

常有年轻人高呼："成年人的生活没有'容易'二字！"

曾经看过一个小视频，一个小伙子陪客户应酬，喝多了身体不适，坐在地铁通道里等老婆来接。老婆来了，小伙子抱着老婆说："宝宝……对不起……我真没用……"二人深情相拥。

年轻就是好啊！这要是换成一对中年夫妻，老婆估计会一手扛起老公："兄弟别废话了，赶紧回家吧，儿子有道奥数题不会做你得教他！"煽情片成了功夫喜剧……

对中年人来说，我们好像真没这么不容易。

能在地铁通道里烂醉如泥等老婆来接，对中年人来说是一种奢侈。"不得不喝醉"的艰难生活，到了中年人身上可能就会变成"薛定谔的喝醉"。

为什么呢？我随便说几个可能性吧。

喝酒的时候，中年人一口一个脂肪肝、高血压、胆结石，全场都找到了共鸣，酒场上还没开始就结束了，醉不到这种需要老婆来接的程度。

饭局里还没等酒过三巡，就得以"回家带孩子"或者"去医院照顾爹妈"为由提前撤离，大概率不会被灌到最后。

饭桌上跟同龄人一起讨论一些鸡兔同笼问题和新概念语法以及择校补习班等话题，竟聊得没空喝酒，最后聊到口干舌燥了，一杯浓茶，撒一把自带的枸杞，就这么草草了事。

喝醉？真的不那么容易。即使醉，也是醉得非常清醒的。

难得有一次我家队友喝多了点，晕晕乎乎进门，第一句话问儿子："你作业做完了没？"听到儿子的肯定回答之后，他才放心地去吐了。

那么有没有喝个烂醉的可能呢？当然也有。

假如一个中年男人烂醉如泥瘫倒在路边，打电话给老婆："我喝多了，正躺在路边，你来接我一下吧。"

"哦，那你先躺一会儿，我把大娃的数学卷子检查完，作文辅导完，再给二娃洗完澡，给他讲完故事哄他睡着，给猫铲完屎再熬完我的中药，然后就来接你。"

"不用了，老婆，我清醒了，可以自己回来。"

你看，中年人的人生相对容易了许多吧。

凡事都不可能给别人、给社会、给警察叔叔添麻烦，那么别人、社会、警察叔叔也就不知道我们的一地鸡毛。

于是我们的生活就看起来挺容易的，比年轻人容易得多。

上个月公司开会，有个年轻人给我们讲他晚上咳嗽到吐的悲惨经历，说"一个人到医院打吊针没人陪真可怜呜呜呜"……会议桌对面的王姐宽慰他："注意身体，身体第一啊哈哈哈。"

这位王姐，几天前室上速发作，心脏以120—180的心率跳了两天，老公又在国外出差，她晚上跟没事人一样带娃，安排好儿子的晚饭以后，自己开车去医院挂急诊。一查心肌酶，把急诊医生吓到了，要收进ICU。

王姐招呼急诊室医生坐下："大家别慌，这个心肌酶升高是一过性的，几小时就能降下来，我有经验，给我来点普鲁帕酮静脉推注，再输点辅酶Q10和丹参多酚酸盐。"

那乐呵的表情就好像在说："先来杯奶茶去冰三分糖，再来个手抓饼少油不要酱"……

急诊室的人还没缓过神来，她又说："来，护士，你先准备药，我给儿子打个电话，明天他要参加朗诵比赛，我得再检查检查……"

整个医院的小护士都震惊了。

很显然，中年人生个病都这么轻松活泼，跟玩儿似的。

我公司有个姑娘，漂亮又聪明，但聪明得有点过头，一边上班一边做微商，还在工作时间发朋友圈卖货。老板把她训了一顿，把她手上的项目给了别人，还警告再这样就要把她辞退。

姑娘当天到处跟人吐槽，慨叹生活不易。

她哭诉："我这么努力这么拼，又没耽误工作，为什么不给年轻人机会！"

晚上她的朋友圈里出现了哭红的眼睛，撕烂的辞职信，一片狼藉的床……一顿发泄。

看着真心疼，好多人由此感叹：成年人的世界里没有"容易"二字啊！

当天我的另一个朋友——一位中年老母，同是被老板教训并被客户折腾了一天，还被娃的老师点名批评之后，在深夜的朋友圈里这样写道：

常常坐在夜深人静的客厅里疯狂地想要砸碎每一个花瓶，每一个玻璃杯，每一个盘子每一个碗，每一个玻璃柜，每一个可以发出清脆响亮碎裂声音的物品。最终只是安静的抱着猫，轻轻地抚摸她的毛。

凌晨1:07

这一瞬间，成年人的生活里有了"容易"二字！

好像又温和又恬静，一点都没有悲伤、不满、愤怒和抱怨，看起来就像是抱起猫撸几下那么容易和舒服。

甚至连脸上都看不出有什么不高兴的。

可不是吗，有什么不容易的啊！所有的不容易，看多了也就那么回事，你不把它云淡风轻地带过，还准备留着当下酒菜吗？

你问一个年轻人：生活艰难吗？

年轻人：太难了啊，为了生存，早上睡不醒，晚上睡不着，白天看人脸色，还要不断学习，一不小心就落后，不用上120分的力根本没有立足之地……

你问一个中年人：生活艰难吗？

中年人：等我有空再告诉你，我得先把儿子送去兴趣班，然后去医院接我爸，请你让一下。

你问一个年轻人：你情绪稳定吗？

年轻人：我经常在公司受气，在家里不受待见，在朋友面前没面子，连下个馆子都不敢随心所欲，我还是个小白兔啊，生活就要让我遭受这一切，我情绪能稳定得了吗？

你问一个中年人：你情绪稳定吗？

中年人：怒伤肝，喜伤心，思伤脾，忧伤肺，恐伤肾，我必须情绪稳定，因为我暂时死不起啊。

你要是不把什么事都云淡风轻地处理掉，而是大张旗鼓地让全世界知道你很不容易，那你可能还不叫中年人。

生活之所以看起来容易，是因为脸皮厚了，面子不要了，最主要是能扛，什么伤春悲秋的，一般人看不出来。

有个全职妈妈在朋友圈摆拍精美早餐图，留言里有个妹子说："你过着我向往的生活，而我还要拖着黑眼圈爬起来滚去上班……"

这位全职妈妈回了妹子一个笑脸。

然后她跑来跟我说："一大早又显摆成功了，不过我想起家里的油烟机快掉下来了，娃提前到来的期末复习还没抓，大姨妈已经迟到一礼拜了太吓人了，另外，我的手今天要去医院复查……"

中年人就是一个在外人面前死撑，一回头流着眼泪满地打滚的骗子。当然，同时还要注意表情不可太狰狞，站起来的瞬间要保持姿势优雅有风度，否则会被说成"油腻中年"。

重点是：我们要是表现得跟年轻人一样不容易，会显得很不合群，神经病啊，我不要面子的啊！

所以，把不容易都伪装成小菜一碟，不知不觉也就当真了。

脸上的褶子看作岁月的馈赠，肚皮的肥肉当作格局的积淀，手上盘的串儿是看透世事的释怀，床头的奥数题是一切归零的释然……

精神不济一杯咖啡就能提神，脸色难看一块粉扑就能解决，心情沮丧多吃一个甜筒，减肥失败就多吸吸小肚子，用最少的成本和最小的代价达成最好的效果，节约开支锻炼心肺还能促进社会和谐……

与此同时，天赋异禀并心有余力的，还能给自己加个菜，在狼狈生活中保持体面和高端。实在不行，买一块提拉米苏，又能跟生活再嬉戏三百回合。

罗曼·罗兰说："世界上只有一种真正的英雄主义，就是认清生活的真相后还依然热爱它。"中年人真正实现了这种英雄主义，我们知道这生活远比年轻人的糟糕许多，但我们却更热爱它了，至少表现出了热爱它。

我早就跟那些愤怒的年轻人说："消除愤怒的最好方式就是长大，结婚，生子，从此你们的主旋律必然是岁月静好，人间值得。"

十三说

没有谁应该比别人多承受一些压力，也没有谁应该在承受压力时感到自然和舒适。人与人对抗压力时的区别仅在于时间上的历练是不是够了，这里面包含了年龄、阅历、耐挫性，以及一些更无法描述的数据统计，例如，你有几个孩子……

无论压力来的时候有多巨大，困难来的时候有多抓狂，挑战来的时候有多纠结，记住，事情总是要一件件做，办法总是比困难多。中年人就是很好地理解和应用了这个生活诀窍，所以，看起来总是比实际上要轻松得多，那看起来，确实酷酷的。

第二章

你看天边那朵云，像不像我老公

1

能量守恒

论实惠，这届中年妇女还没有遇到过对手。

每年的"520"，总有一大拨女性朋友如同打怪升级，一次又一次赢得阶段性胜利：抢自己的红包，让别人秀恩爱去吧。

大多数已婚七年以上的妇女，与社会各界爱心人士共度了一个佳节。她们分别从同学同事群、亲友邻居群、养狗养猫群、育儿升学群、闲聊扯淡群、吵架互掐群以及吐槽抱抱群里，抢到很多红包，收获颇丰，总金额甚至可能超过了五块钱。

抢了这么多红包，唯独没有老公的。

那些红包来自五湖四海，发红包的人多数没见过面。以中年妇女为代表的主干力量，和以中年油腻男为骨干的活跃势力，把这个宣扬"爱"的节日包装得异常美好。

"我爱你""我爱你",一群着了魔的陌生人互相表白着,全国人民沉浸在爱的祥和气氛中。

收到这么多表白,唯独没有老公的。

这是一个多么平常却又奇异的现象。中年妇女们每天和别人的老公说的话,比跟自己老公说的还多。逢年过节,从别人老公那里感受到的节日气氛,比从自己老公那感受到的更浓烈。

细思极恐,却又充斥着人间温暖。这一丝的温暖,可能就是广大妇女们维持生命的最后一口仙气吧。

说来也奇怪,微信群里常发现"别人家的老公"经常秀厨艺秀娃秀疼爱媳妇,感慨持家的辛苦,畅谈陪读的感想,而且这样的模范丈夫不止一两个。

你会想:人家老公怎么都这么好啊,我咋没碰上?

你可能不知道,他们的老婆正在另一个群里,描绘着自己的十项全能,把老公吐槽成只会帮倒忙的"猪队友"。

人生就是这样,能量守恒。

老夫老妻们都如同钢铁战士,在各自战场上可能都很强大,碰到一起也卸不掉盔甲,最后成了战友,能一起万里长征英勇杀敌,却因为结下了深厚的战友兄弟情,以至于"谈爱色变"……

新婚那年:宜言饮酒,与子偕老,琴瑟在御,莫不静好;

三年之后:锅碗瓢盆,鸡飞狗跳,奶粉尿布,没法睡觉;

七年一到：看到就烦，一说就吵，只求清净，不求相好；

能活过七年婚姻的战友，都是生死兄弟。

桃花潭水深千尺，不及兄弟送我情。情之所至，不言朝夕——携手下火海，相约赴刀山，兄弟相敬好，都别滚床单。

这个过程快则七八年，长则十几载。总之，其进程是随着有娃的速度、频率、个数而递增的。

有一个娃时，还能 cosplay 其乐融融的三口之家；

有两个娃时，几乎多数在手忙脚乱中临阵磨枪；

有三个娃的，基本上一家五口一凑齐，再添俩老的，就能召唤灭霸了。

这日子，还哪里有空玩什么你侬我侬啊？

至于什么情人节啊，圣诞节啊，生日啊，"520"啊，结婚纪念日啊，凡是能秀恩爱的日子，都没老夫老妻什么事。

一开始女人们可能还有点不爽，看看人家的高调，再想想自己的凄凉，悲从中来，看着那个压根不具备浪漫细胞、脑子里根本不知道今夕是何年的塑料战友，也只能自己默默提一口仙气吊着，心里默念："啊，这草淡的生活啊，多么美好。"

时间一长，也就习惯了。

节日和仪式感，虽然有了我们会很开心，但是没有也不会惆怅，毕竟好战友之间以朴实无华为荣，不搞那些虚的。

一起上厕所的兄弟，满屋子和娃阻击战誓死共存亡，共同勇斗每月各类清单账单，互相吐槽后方指挥官（爹妈），枪林弹雨，披荆斩棘……其实两个人每天能保持不闹心就已经很好，因为吵架给人的感受真是太 shit 了，一生很短，不要太多惊喜，尽量减少惊吓才是王道。

俗话说，上帝关了一扇门，必然会为你开一扇窗。

这不应验了？眼花缭乱名目繁多的各种乱七八糟的节日，别和老公互相找不痛快，掐着对方痛点尴尬索礼物和红包……还不如干脆直接去抢抢外人的红包，给家里补贴三五斗，多实惠。

在这个钢铁堡垒中，中年妇女们发现自己正在发生质的变化。

以前吵架，不管谁对谁错，结局都是"你为什么不让着我""你给我起来说清楚，谁允许你睡觉的""你还是不是男人""你根本就不爱我了"……

后来慢慢变成了"行了行了我不想跟你啰唆""你快睡觉去吧别烦我了""好你对你都对"……

所以，每一个女人都是通情达理的小天使。有时候你觉得她作，那只是因为时辰未到，还欠火候。再多吵几年试试，会有彩蛋。

现在的我，每次看老公不顺眼的时候，我就默念安徒生童话

《老头子做事总不会错》。

把生活过得戏剧化，是中年人解救婚姻的最好方法。

上次居委会来我家，让填个表，结婚日期一栏，我老公愣是空着。

居委会大妈也不识相，还特地提醒了一句："小伙子，这个结婚日期填一下。"

我老公紧张而羞怯地瞄了我一眼。

当时我脑海中一万匹羊驼奔驰而过，心中还发出了羊驼空灵的号叫。

然而，作为一个早就修炼有度的节操妇女，我机智地说："哈哈哈哈，我也不记得了哈哈哈哈，要不就随便蒙一个吧哈哈哈。老公你就填九月九号吧！"

老公大概是感觉如获新生，还乐呵地唱上了："又是九月九～愁更愁情更忧～回家的打算～始终在心头～哈哈哈哈……"

居委会大妈热情地夸我们："你们俩真逗，结婚日期都不记得，还这么开心啊。"

我只能对她说："爱笑的人，运气不会太差。"

我们的小姐妹神秘团队研究表明，男人在过了 35 岁之后，一定是有生理期的，而且总是失调，每个月总有那么几天，需要把他当傻儿子一样来哄。

有姐妹发现，使用思维导图对付生理期的老公，会有不一样的结果。

说一件事之前，想一下这么说老公会有什么反应，后果如何。换一种说法，他会是什么反应，结果如何。他更喜欢哪种？用他喜欢的，前提是自己不受伤害的方式，反正你关注结果就好了。

"老公就是这样被驯化成小奶狗的。"

御夫有道，佩服佩服。

男人和女人的大脑是不同的，大多数女人经常感到不爽，主要还是因为总是用自己的思维来思考男人，就比如过节送礼物这件事。

年轻时，如果老公忘了各种节日和纪念日，忘了送礼物，甚至根本不知道怎么送礼物，可女人特别在意这件事，那就僵了。

聪明的女人会慢慢学会避免雷点，我们有很多朋友，有美食，有自娱自乐的方式，别盯着那个不解风情的男人，转过身，世界精彩得多。

现在对我来说，一束鲜花，不如一顿小龙虾。

刚结婚的时候，结婚纪念日我老公买了一束花回家，而且是临到家时收到我的短信才想起来的，在附近匆匆搞了一束花，就30块钱。

我其实情绪很复杂，但还是要做出一副通情达理的样子：还不如买只老母鸡炖汤。

从此以后，就再也没有收到过花。

怪谁呢？要装圣母，就不能还留着凡人的念想呀。

如今大家兄弟一场，知根知底，不求徒有其表的虚荣，只求实打实地好好过日子。

所谓爱情变亲情，就是一场又一场的更换。用鸡汤换掉鲜花，用洗洁精换掉巧克力，用不需言表的相濡以沫换掉挂在嘴上的海枯石烂。

嘴上说着最微小的柴米油盐，心里掂量着最重要的相爱相杀，那份不再鲜亮却越来越厚重的情感，永远年轻，永远热泪盈眶。这份难能可贵的兄弟情，没个几百回合的战役根本打不下基础。

行色秋将晚，交情老更亲。

▌十三说

婚姻不是爱情的坟墓，它是爱情的冷库。它先把爱情冰封起来，你看那爱情似乎冰冷得毫无热度了，但实际上，你却不知道，那也是把爱情永远地保鲜起来了，不易腐坏。

在结婚这么多年之后回头看一看，有过很多争吵和矛盾，也有过小打小闹，也在紧要关头以"离婚"相要挟，最终却还是出于这样那样的原因，无法分开。"这样那样的原因"说到底都是我们的托词而已，真正的原因是那看似没有热度的感情，依然在冷库里呢，你还没有看到它彻底腐朽变质，怎么舍得放弃？

2

铁打的夫妻兄弟情

哲人说了："不要考验人性，人性经不起考验。"

热恋的情侣就偏不信，非觉得人性经得起考验，"我会一辈子对他充满激情""我将永远把她奉若珍宝"……于是没把持住，结婚了。

多年之后发现，人性这个东西啊很神奇，如果硬撑一下的话，"人"还能勉强经得起考验，但"性"就难说了。

从现在的情况来看，一个成熟稳定的家庭里，貌似总得有一位面对性感妻子坐怀不乱的男人，和一个面对雄武丈夫毫无色心的妇女。

这怎么和我想象的不大一样呢？

当初好像就是为了方便啪啪啪和合法滚床单才领的结婚

证啊。

这一切到底是从什么时候变成这样的呢？

就从第一次你开着门上厕所对方视而不见，从第一次在卧室全裸五分钟对方无动于衷开始，你们的感情升华了。

从此以后，兄弟一生一起走，那些日子不再有……

当然，新婚的夫妻可能还不信，这是人之常情。谁新婚那会儿不造作？

当年两口子往床上一躺，就算聊个牛顿定理，话还说不到三句，情话就出来了："我觉得万有引力都没你的引力大！"

不可描述……

现在呢，两人脱光了躺床上讨论拉格朗日定理，越说越陷入科学的迷思，干脆拿出纸和笔，图解拉格朗日中值定理在数学与天文学中的应用。

半小时后这场高等数学深度研究取得了重大进展，双方终于可以放心地酣甜入梦……临睡前那刚正不阿的男人还没忘补充一句："一般人我不给他讲这么多。"

看在是好兄弟的分上？……

行吧，大兄弟，让我们一起成长，共同进步！明晚也要加油呀……

一对高尚的夫妻，纯粹的夫妻，脱离了低级趣味的夫妻，必然能把日子过成群租屋里的好兄弟一般，毫无杂念。

据我观察，有娃的夫妻最是爱学习，从孩子上幼儿园开始，夫妻俩的学习积极性就无限拔高，逐渐替代了肉欲，一发不可收拾。

让他们在床上讨论新版拼音和音标以及给娃做PPT的思路与技巧，比滚床单更能令二人心旷神怡、热血沸腾；如果一方能把孩子幼升小的总体构思和把握阐述一遍，将妥妥地造成双方多巴胺的剧烈飙升从而产生特殊的快感。

这快感不但能促进感情，还安全，至少不会意外怀上二孩。

没错，有了娃之后，同床之情逐渐变成同窗之情，双方在"色诱"与"学习"二选一的人生道路里果断选择后者，大义凛然的样子完全可以载入史册。

纯友谊的夫妻是最稳固的婚姻模式。

你看看那些整天搞事情的小夫妻，动不动就把"你是不是不爱我了"挂在嘴上，这不利于安定团结和相互信任啊。

我们懂事的老夫老妻就不这么想，我们已经提前过上了夕阳红的生活，我们说什么了吗？

团结紧张，严肃活泼，沉稳有序，淡定自信。

我的一个朋友说："我们家现在睡觉的排列组合，按降序排列是'我＋儿子''老公＋儿子''我＋老公＋儿子'，就是没有

'我＋老公'。这够不够纯洁？"

"可是偶尔你们两人不打算浪漫一下吗？"

"浪漫？我能想到最浪漫的事，就是能自己一个人好好闷头睡个安稳觉。"

"难道你不爱他了吗？"

"大家都这么熟了，你看你，说这些干嘛，伤感情……"

大多数夫妻是从激情澎湃的少男少女变身为性冷淡，一大半功劳在于孩子，另一半归功于自己的神经病，不客气地说，神经病严重的一方通常是女方。

"老公，刚刚是不是听到娃叫了一声？"

"没有啊，你听错了吧。"

"你快去看一下娃是不是醒了。"

看完之后："看过了，没醒。"

"快睡吧，别把娃吵醒了。"

没有下文了，一场游戏一场梦……

当小娇妻们进化为中年妇女，精神方面的问题可能就更严重了。

上班时兢兢业业为工作拼杀；聚会时要和各路中年少女们争风头；菜场里要和小贩们斤斤计较，务必做到买葱搭蒜、买西瓜送芝麻；回到家还要操持三餐家务，线上线下为熊孩子海陆空立体环绕式服务……好不容易作业写完了，英语单词背了，琴也练了，球鞋也刷干净了，正打算窝在被窝里追个剧，屏幕里突然出现了少儿不宜的镜头……想起公粮已经许久没收了，夫妻二人已经许久没有缠绵了……气氛有点尴尬了……

彼此看看各自缩了水、褪了色的旧睡衣，交换了一个"你懂的"的默契眼神之后，决定——今夜，我们继续放爱一条生路，早点洗洗睡吧！

最后到达灵魂的巅峰——佛系夫妻。

怎么个佛系法呢？就是只要身体一碰床，干柴先睡着，烈火则如释重负地放空大脑，刷刷朋友圈和微博，毫无违和，从无争议。

可以说是真正实现了民主、文明、和谐、自由、平等、公正、法治、敬业、诚信、友善……

这是个圈，从纯友谊开始，以纯友谊结束。

想当初从纯友谊幻化出多少的不可描述，继而干柴烈火、你依我依，然后呢，爱情的结晶带来了革命友谊的升华。

一起买学区房？没问题；衣不解带照顾对方？没问题；一起对付七大姑八大姨？没问题。

但亲亲抱抱举高高？呃……也许是前些年多巴胺分泌过多过快吧，如今干柴还在，烈火却悄悄地熄了……

爱情的巅峰:
佛系夫妻

至于中年夫妻，你问他们台海局势、南海争端、朝核问题、美俄制裁、人民币汇率、供给侧改革、区块链趋势，他们可能脱口就来；你问他们补习班行情、择校策略、各大医院黄牛联系方式、五金维修小店电话，他们也马上就能回答你。

但是如果问他们上一次滚床单是什么时候来着，他们会陷入沉思，掏出万年历……

十三说

在 2018 年的夏天，我在一个微信群里半开玩笑地推销一盒计生用品。最初的开价是 30 元，后来降价到 10 元，再后来免费送，还搭送 16 件小礼品，结果居然是没有人要。

不要的主要原因竟然是：这盒产品有效期到 2023 年，五年里用不掉这一盒，浪费了。

中年人的性生活现状，真的是赤裸裸地扎心。不过没有人真的把这个太当一回事，中年夫妻的婚姻和感情，又岂会败给这种细枝末节？我们都是在学习路上奋勇前行的战友，即使没有同床情谊，我们还可以重温同窗友谊，它照样令我们的感情百尺竿头，更进一步！

3

"云配偶"

婚姻对中年女性来说，究竟意味着什么？

这个论题太过庞大，以至于大部分女性都懒得思考。即使思考，想着想着不是钻了牛角尖，就是不知不觉跑偏了。

以前总认为，婚姻是一种陪伴。结了婚才发现，情况可能不是想象中的那样简单。现在很多中年妈妈喜欢提两个词：丧偶式婚姻、诈尸式育儿。其实，归根结底都可以用"云配偶"来解释。

云配偶的定义：以远程交互模式存在的虚拟化配偶，平时储存在云端，常见无法同步、基本见不着、指望不上等bug，使用时必须提前手动下载到本地，碰上故障还会消失于服务器甚至原地爆炸。大多数时候由于来不及共享只能将其供养在云端，搞不好还能碰上乌云，给你来一场雷暴雨。

云配偶的特点：

（1）云配偶的科学成因

这个升华的过程，大多数中年妇女都亲眼见证过。比如我吧，自从领了结婚证，之前那个接地气的男人就开始不断升华，从肉体的膨胀到精神的拔高，一直上升到……云端。

从此，他从一个真实存在、知冷知热的物理男友，逐渐变成了一位虚拟的好老公。当然，几年后他可能会做出一个小型镜像备份。

人人都说女人如水，我觉得吧，男人就如水蒸气，在你毫无察觉的情况下，不知不觉地蒸发啊，蒸发啊，直至升到云端。从此他就端着了，家里但凡还没有鸡飞狗跳，他都不着急，躺在云端俯瞰众生，还时不时指点一下，你们人间的事儿都不叫事儿。

（2）云配偶的技术应用

云配偶在初始阶段使用了"云幻想"技术，整合了高大伟岸和温柔体贴或是才华横溢等功能，令人欲罢不能。

但从婚后就开始衰减。

半衰期是从娃出生开始，比如每到娃大哭大闹的时候，云配偶自动蒸发，留下一句"找妈妈去"便切换到了"只读模式"。

然后进入加速衰减阶段，类似星云变换为黑洞的过程，其最

你看天边那朵云
像不像我老公

后变换形态通常等同于接插有手机外设的秃顶沙发土豆。

从安全性上讲，云配偶还比较容易被外面的年轻信号攻击。

此时你就会发现云配偶这种东西虽然易申请，但操作复杂，需消耗大量人力物力时间来维护。

在环境严酷指数增加的时候，比如碰上孩子期中考试、期末考试、上补习班、参加各种比赛、学琴棋书画时，云配偶可能会由于各种"干扰信号"导致数据丢失，消失得无影无踪。

同时，遭遇复杂环境时，云配偶也会突然产生爆炸现象。比如为了争论到底是小鸭先到河对岸还是小鸡先到河对岸的问题，而跟娃撕得面红耳赤时，或是当孩子不让他用二元一次方程解题可他不用二元一次方程就不会做时，他就会撂下一句"这孩子我不要了"，然后在带娃时消失两周以上，给用户身心造成额外的困扰。

（3）云配偶的性能

请注意，是性能，不是性能力。

由于云配偶是用云幻想技术虚拟研发出来的，所以相同配置的云配偶与以前实体的男朋友相比，性能要差很多。

比如在大量家务事或作业出现后，云配偶容易出现故障：

轻则极度容易变得"屎尿多"或是能随时被小孩哄睡着。

重则手指破了小皮或流个鼻涕需要卧床三周。

你会时常感觉这个云配偶，已经不是从前那个完美的幻想中的男人。尽管他占用了庞大的云盘大数据，但该记得的一些事基本是记不住的，比如你的生日、结婚纪念日，以及各种需要发红包的节日。

（4）云配偶的衍生物

云配偶由于不能承载过多负荷，故衍生出了全能老母，上得厅堂下得厨房，做得了奥数烤得了蛋糕，修得了家电挣得了钞票，顶得家庭整片天，可以说，云配偶为社会主义建设多培养了一类实用性全新人种。

曾几何时，我也学着紫霞的样子装文艺，幻想着我的意中人是一个盖世英雄，总有一天，他会驾着七彩祥云来迎娶我。

我猜到了开头却猜不中结局。这结局是：他真的娶了我，而他自己却留在七彩祥云上不下来……

于是他成了我的云配偶。

昨天我把云配偶下载到本地了——由于我日理万机日夜操劳吃得太多太油腻，导致急性胆囊炎，催了好几遍才好不容易说服云配偶推掉两个会和一场加班，火速赶到家带娃。

我心想这回他总算派上用场了，一出门突然想起爷俩的晚饭还没着落，又怕他们叫了不健康的外卖，于是我赶紧拿出手机，挑了点又贵又健康的外卖，这才放心地去看病。

回头一想，又被自己气炸毛。

好不容易能顺利把这个云配偶下载到家，结果我一个病号还得管他俩的饭，感情这是云盘开始收费了啊……

这云配偶的储存倒是简便易行无污染，平时可以不费吹灰之力将其储存在卫生间、阳台、厨房、车库、衣帽间、办公室、高铁、飞机……

每次紧急需要的时候，总会发现有这个时间把云配偶下载到现场，还不如自己上。

一个德智体美劳全面发展的资深中年妇女，一个文武双全高瞻远瞩的优秀中年老母，一定不会把配偶当成是电冰箱和洗衣机一般的生活必备品。

他神出鬼没——

当你身体微恙的时候，他不在；

当家里电器需要维修时，他也不在；

当你苦苦钻研科技手工作业的时候，他还是不在……

他时隐时现，仿佛神龙见首不见尾——

当你的娃获得表扬和荣誉的时候，他出现了；

当你炖了一锅香喷喷的排骨汤时，他也出现了；

当你冥思苦想一晚上也没想通这道几何题到底该加哪根辅助线的时候，咦，人呢，该出现的时候他又消失了……

他确确实实是你"官宣"了的配偶，却忽而远在天边，忽而近在眼前。对我们的家庭生活提供有益的指导性意见，以及无用的指导性意见。

云配偶和"云储存""云智能"一样，听上去很酷炫，但又让我们一头雾水，莫衷一是。

怎么说呢，网络一线牵，珍惜这段缘。云配偶在养娃过程中，总好过传说中丧偶式育儿和诈尸式育儿。

起码，他是互联网＋的弄潮儿，高端大气上档次啊，带出去也不丢范儿。

他们常常顶着配偶的头衔云游在外，或许也能给无趣的中年老母生活增添些许诗意——

你看天边那朵云，像不像我配偶。

▌十三说

"云"是一个多么好的词，"云配偶"又是一个多么形象的存在。过去我们总称孩子爹为"猪队友"，既不雅观也不全面，我用"云配偶"这个词创造出了片新天地，广大中年妇女对于把自己的丈夫尊称为"云配偶"乐此不疲，而丈夫也并未感觉有何不适。

其实有时候我们只看到了云在天上俯瞰众生，不着地，更不着调，却没有看到有时候云在默默地为我们遮挡刺眼的阳光、强烈的紫外线。云还是有用的，主要就看你有没有意愿去发现他的贡献。

4

云配偶一落地，不是风就是雨

去年举办了一场分享会，和大家聊了聊关于"云配偶"的话题，标题是"论云配偶的落地"。

刚提到这个话题时，很多人的反应是："干嘛要落地啊，还是飘着吧，云一落地，不是风就是雨，更给我添乱……"

我想她们说的一定是有一些道理的，但肯定没我有道理。所以我坚持要探讨"云配偶的落地"，目的是要证明云配偶也是能落地的，而且落地姿势可以非常漂亮，不需要脸先着地。

前几天我的一个朋友，也是一位职场妈妈，跟我说："昨天晚上接到临时任务需要加班，打电话告诉老公，叫他给孩子做饭吃，然后陪孩子做作业，检查作业。"

老公在电话里问："吃什么？"

示弱是聪明人的生存法则
逞能是笨蛋的处世哲学

太太告诉他冰箱里有些啥，可以做什么。

老公又问："作业怎么检查？"

太太说："就像我平常那样检查就好了。"

然后她忙自己的事情去了。为了早点回家，她匆匆把事情搞定，立刻赶回家，气喘吁吁冲进家门时，看到爷儿俩一个躺在沙发上，一个坐在地上，正在玩游戏。

她当场就发飙了，问孩子："你干嘛呢，作业做完了？"

孩子说："哦，还没做呢，爸爸说，吃完饭再做。"

"什么？你们还没吃饭？"

"爸爸说了，先玩一会儿再吃。"

她很狂躁，但又不知道该干什么，只能发脾气，骂儿子不自觉学习，骂爸爸纵容孩子，骂他们不干正事，光想着玩。

这个情绪演绎得很到位，符合大多数中年老母的 high 点，从小萝莉变成霸王龙，也只需要这么 0.01 秒而已。

爸爸陪孩子的方式，和我们想象中的不一样。我对她说："也许如果你晚回去几小时，他们饭也吃好了，作业也做完了，你没有看到其中的过程，也就觉得花好月圆，皆大欢喜。"

但你偏偏非要急着回家，怪谁啊？只怪你自己太操心。

其实老母愤怒，并不真的是因为他们玩游戏，而是我们一边忙工作一边惦记家里，在努力两头兼顾的情况下赶回家里后需要马上得到疏解、支持以及安抚，而父子俩当时的表现和我们想象中差距太大。

我们一天积累下来的惊恐、焦虑、疲惫，正无处释放。这种时候，云配偶还往枪口上撞，不但没有帮我们分担，反而只知道自己舒服、享受，还帮倒忙，破坏了我们努力营造的各种规矩……

这才是我们愤怒的源泉，愤怒其实就是失落和无力感的结合。

很多云配偶飘在天上，见不着人，这并不是最值得抱怨的；更惨的是，他明明在家，明明有空，见得着摸得到，但就是起不到作用，甚至还总添乱。

看起来这朵云落地到家，而实际上是一种落地的假象，更令人抓狂。

那么问题来了，我们在心里发火，在恨，甚至表现出歇斯底里，而我们的这些情绪，云配偶到底 get 到了没有呢？

他可能并不知道你到底在生什么气。

甚至他还会想：这个女人是不是到更年期了啊，一点点小事也要发这么大火？

关键点在于：你有没有明确表达过你的需求。

你不满意云配偶的表现，你需要让他真正落地，但你似乎并没有具体、详细、认真地让他知道你到底需要他做到哪些。

要知道，男人是很迟钝的。

结婚后，会比婚前迟钝 30%。

生完孩子后，又比生孩子前再迟钝 30%。

在当妈的事无巨细、大包大揽，把里里外外打理好之后，男人又多迟钝了 30%。

所以，你结婚前认识的那个对你心思细腻、一点就通，总是让你特别满意的、灵敏度特别高的男人，现在只剩 10% 了。

那么，女人就要多拿出 90% 的耐心和细致，去教育他们，静待花开。让这朵云优雅落地，是需要技巧的。

比如，就刚才这个朋友的例子，她光说"你陪孩子做作业"是没用的，她必须这么说："我希望你监督孩子在八点前完成所有作业，这个过程中如果他要喝水吃东西小便大便你必须全程监督，防止他偷懒和磨蹭。当他有不会做的题目时你不要直接给他一个答案，而是要从他的课本上找到解题方法，再教他一遍。全部做完后逐一检查没有问题了再在上面签字。注意：以上这些不能在玩完游戏之后才做，因为会影响他睡觉的时间，孩子睡眠不足会发育迟缓，越来越傻。听明白了吗？"

别嫌自己啰唆，这是一劳永逸的啰唆。

我相信队友此刻对于今晚如何陪孩子写作业这件事，已经充分了解落地的方式和姿势了。

而且，不要在心里不断地给自己设立预期：

期望我等会儿到家后，看到爷俩在书桌前父慈子孝地共同学习，晚饭早就吃完了，连碗也洗好了，整个房间都一尘不染。更惊喜的是，孩子连琴都练过了。完美！

那么你回家后，一定会失望透顶的。

这种时候要明确告诉云队友你的需求是什么——

"我不希望在我回家时看到你们饭也没有吃，作业也没有做，房间一团乱，两人都在玩手机。我已经累了一天，我希望你能在我偶尔加班的这一天，帮我做好我平时一直在做的事情。在我到家的时候，希望你们能让我觉得开心，让我没有理由对你们发脾气。反正你记住，我不开心了，大家都不会开心。就这样吧，我也不多说了。"

我相信听了这些，云配偶也大致了解了利弊，好好活着不好吗？

前阵子我自己在忙孩子的小升初，这个阶段的老母亲也是非常脆弱和敏感的。

妈妈们每天在搜集各种情报，了解行情，侦查路数，带孩子东奔西走，走进一个个学校去考试、面试，然后可能面临一次次被淘汰，被踢出局，紧接着再张罗下一场折磨。

我身边很多妈妈在说起这个的时候，又是对云配偶一顿吐槽。

主要原因在于妈妈们付出了大量的精力，积累了焦虑，看着自己的孩子走进一个个考场被甄别，被筛选，被挑挑拣拣，被淘汰，那种无助和失落，无处释放。

而这种时候，有些爸爸往往会这么说："没什么大不了的，上什么学校不都一样吗？不用那么紧张，家门口的公立学校上上也行啊。"

爸爸说的有错吗？好像也没有。

但爸爸这时候就像一朵云，飘在高空，以上帝视角俯瞰众生，对一个焦虑无助的妈妈所付出的一切给出了一种令人无奈的否定。

云配偶在这种时刻不能跟太太分担什么也就算了，还对她一肩扛的重担表示出一种不屑和无所谓。这是素质问题，素质！

不是我们对云配偶的要求高，我们的要求真的一点都不高。只是我们自己是有问题的，问题在于我们根本没有告诉他，我们的要求具体低到什么程度……

小升初这件事，你需要告诉云配偶的是：

为了小升初我非常焦虑，已经到了崩溃的边缘，你可以帮不上任何忙，但希望你支持我所做的所有事情。如果你不知道哪个学校好，你可以假装虚心学习，向我请教，和我讨论。但你不要说"你这么瞎忙没有必要，上家门口菜场学校一样"。

你还要告诉他：

我们和孩子一起经历这场充满挫败或是收获成功的战役，荣辱与共，我冲在最前线，你可以躲在后面，但一定不要把我们往后拖，更不要叛变。如果你觉得真不知道自己能做什么，就在那里当一个捧哏的吧——

——这个学校看起来不错。

——嘿，还真是。

——让儿子去试试怎么样。

——得，我看行。

——要是考不上咋办？

——嗨，没那事儿。

——儿子那么聪明，肯定能考上。

——哈，可不是吗。

这样一来，云配偶就算成功落地了，顺利参与到了小升初这件事情上，重点是谁也没受伤。

妈妈们希望云配偶优雅落地，成为带孩子的左膀右臂，这件事看起来有点难，但最难的还是妈妈自己这一关，难度在于：我们能不能准确地说出我们的需求。

大部分妈妈说不出来，是因为懒得说，或是对云配偶期望太低，以为他理解不了。

但是不尝试一下，你永远不知道云配偶的潜力有多大啊！

大部分女人在有了孩子之后，会变得非常强大，正所谓为母则强。我以前也懒得去指挥孩子爹，因为总是觉得让他做还不如我自己来。越是这样，我们越是以为自己太厉害了，队友太弱了。

这件事我在六岁那年就知道了。

当时看电视剧《武则天》，插曲里有一句歌词是：如果世界上没有女人，男人将无法生活。

这种强大，是好事，也是坏事。对于处理和云配偶的关系，这不是一个很有利的条件。

示弱是聪明人的生存法则，逞能是笨蛋的处世哲学。

多数妈妈都是笨蛋，但又要逞能又要抱怨，这就有点不明智了。

女性总会在时不时的崩溃中默默强大，男性容易在自以为强大中突然崩溃。

对云配偶，我们也应该知道他们的薄弱环节，其实就在于敏感度和悟性。有些事，女人觉得傻子都应该明白，但对云配偶来说，还真是不明白。对待傻子，我们要时刻不忘初心：这个傻子是我自己找的，自己找的……这样，你就有耐心和毅力去改造傻子了。

云配偶客观存在，普遍存在，与责任绑架相比，他们更关注情感互动体验链接。

不少人经常责备云配偶做得太少，说着说着，云们真的不好意思多做了，否则不符合你的预期……只有我们自己先放下执念、偏见、傲慢，去耐心地、细致地表达需求，才能教会云配偶如何落地，润物细无声。

一个老母优秀不优秀，不是看你把孩子带得有多好，而是你连云配偶都带好了！

十三说

在讨论会的现场，我曾邀请一位爸爸聊一聊他对"云配偶落地"的感触，谈一谈自己心目中对这件事的理解。那位爸爸先做了一番自我检讨，随之就开始阐述自己的无奈：有时候不是不想带孩子，是实在不知道该怎么带，带着带着就烦了，只好选择逃避，眼不见为净。

说得好像妈妈天生就知道怎么带孩子似的。不过确实对于男人来说，带孩子是个十分女性化的动作，他们要逃离自己的舒适区，也许才能做好这件事。

我只想说：带不好孩子一点关系都没有，只要多多理解带孩子的妈妈，感同身受地去给妈妈多一些支持和协助以及呵护，那就起到了相当大的作用。这个环节不比带孩子这件事本身更容易。

5

"云恩爱"，中年夫妻最后的倔强

有人问："结婚久了，夫妻俩沟通的方式会不会有什么不一样？"

当然很不一样了，我和队友现在的沟通……嗯……怎么说呢，就是更纯洁无私，更公开透明了吧。

用一句话概括就是"人狠话不多"。比如，昨天晚上我们俩的全部交流就在下图中，而这仅存的交流，还是发生在某个微信群里。

> @等等 别忘了给柚子加猫粮
>
> @小猪等等 你去
>
> 你去我忙着呢
>
> 我等会
>
> 你在干嘛柚子快饿死了
>
> 拉屎
>
> 你俩是住一起么 🙂
>
> 现在两口子在家说话不都用手机么 🤨
>
> 见面没话说 🙂
>
> 相对无言，执手相看手机
>
> 《震惊！白天道貌岸然的夫妻俩，晚上在家竟然做这种事！不转不是中国合伙人》

　　幸亏有了这些微信群，给了我们老夫老妻一个对话的平台！

　　更重要的是，让广大朋友们发现我们俩还挺恩爱的，居然还有话说……

　　如果没有手机，世界将会怎样？别的不敢说，夫妻俩大半夜在家里可能互相找不到对方。

现如今，对好多已经没啥缠绵欲望的中年人来说，只有微信才是沟通的平台，朋友圈才是恩爱的秀场。

有一次我在朋友圈发了张自拍，队友在评论区里发了三枝玫瑰花。

朋友说："你老公秀恩爱秀到朋友圈来了。"

我才不会告诉她们，这位朋友圈里秀恩爱的先生，上一次给我送实体花大概是 10 年前了吧。

现在我们在家如钢铁兄弟情，出门像取经师徒情，在网上则必须保留一丝性别元素，来一点传统意义上的恩爱，这叫"云恩爱"。

中年夫妻借助通信工具沟通情感这件事，绝不是一蹴而就的。

从孩子刚出生开始，很多时候我们就得身不由己地拿出手机，闭上嘴。

一开始可能是这样的：为了高效沟通，能用手机的时候就不用直接喊话——

晚上我在书房画画时，我老婆给我打电话叫我去给娃冲奶。她在卧室等着到后来可能就是这样的：用手机喊话也解决不了沟通效率问题了——

> 有一天，我看女儿和我老婆躺在床上关了灯。我百般潇洒的走出卧室说了一句："just call me！"那一刻我在老婆的眼里是发光的。然后后半夜我老婆蓬头垢面的走出来对我说："call 毛的me！你手机tm拉屋里了。"

慢慢地，没有手机就是夫妻俩沟通的最大障碍。

直到现在你猜怎么着？！

那天儿子接到一个做小实验的任务，我不清楚具体细节，匆忙地先帮儿子准备好材料，就去码字了。

过了很久，队友从娃的房间给我发来微信："你这些材料不对，得重新准备。"

我回他："你怎么不早点告诉我？"

他回我："我刚才在厕所没带手机，怎么告诉你？"

……

是啊，没有手机就是不行，毕竟只有在微信上说话的时候，我才能语气平和顺畅，也不方便立马动手。

微信他老人家还真是解救了中年危机啊！

在云端，我们俩相敬如宾，有理有据，逻辑清晰，包容有风度；到线下，像刺猬炸毛，什么恩爱，不存在的。

"云恩爱"是中年夫妻最后的倔强，这种恩爱就是：眼不见才恩爱，见着了各种看不顺眼。

正应了那句话：距离产生美。

云配偶加了三天班，我在家带娃岁月静好，给他发微信都是嘘寒问暖，冷不冷，饿不饿，几点回来；他一正常下班，在家就鸡飞狗跳，我俩要么不说话，要么就吵架。

见不到的时候，在线上的时候，相隔数里的时候，云山雾罩的可恩爱呢；一旦两两相对，大眼瞪小眼的时候，就恩爱不起来，互相对边坐，一起"葛优躺"，一人捧一个手机，必要时还能发消息对话："明天早上吃啥？""听你的！"

不知道的还以为这是情话绵绵，殊不知两人就像地铁上挨着坐的陌生大哥，互不干扰，假装不认识……

这不是人性的扭曲，也不是道德的沦丧，只要你多混几个夫妻俩同时在的群，就知道其中的奥秘——

我和孩子爹同时在一个音乐群里，晚上娃睡了，我俩在群里和群友聊的火热，实际上就躺一张床上谁也懒得和对方聊天

一个优秀的云伴侣，不仅要做到物质形态上忽隐忽现，飘忽不定，也要做到意识形态上携手同行，同仇敌忾，这才叫优秀的人生合伙人。

网络是中年夫妻精神上的美颜相机，只要我们俩一上线，我就容易产生一种错觉："这是别人家的老公"，于是态度马上好多了，观感也柔和了起来……

回到家对着彼此的老脸，却没办法欺骗自己，于是形势大不相同……

在线上求助解题：

还是不对啊

看懂了！

厉害厉害，佩服佩服！👍👍

在线下求助解题：

"这道题怎么做？"

"这么简单你都不会？"

"就你行就你行？一晚上做一道题啥正事也不干你还能耐了？"

"你有本事自己做出来啊！"

@＃¥%……＆＊（＾O＾）╱＃

在线上学习强国：

学习强国怎么积分
百度经验-解决你所有的生活
难题
Bai百度经验

加油上呀

在线下学习强国：

"我学习强国积分已经远远超过你了吧。"

"你一天到晚捧着个手机就知道 neng，你那个破积分，也不知道给儿子辅导辅导有用的东西，你还好意思说啊！"

……

你看，只有在云端交流才仿佛是一个正常人。

毕竟一进家门，看到对方，就像对着一面照妖镜，里面都是家族屎尿屁，数不清的鸡毛，干不完的活和处理不完的账单……

真不晓得是肉体拖累了精神，还是精神升华了肉体。

世上最安全的夫妻关系，就是云上的日子。

面对面，很容易出现无法预估的障碍，逼不得已的时候还得尬聊——

"大兄弟，你这衬衫又紧了啊！"

"彼此彼此，你的脑门儿也越来越铮亮了嘛。"

刚结婚的时候，我老问队友，你啥时候退休啊？能多点时间陪陪我。

现在我常问队友，你啥时候出门啊？你啥时候出差啊？你想不想尝试一下离家出走呀？

不在云端的时候，真的是此时无声胜有声。

一切尽在不言中，多说一句都是空。

现在连吵架都是微信，回头还能检查一遍，查找哪些地方发挥得不好，便于下次提升。

而这种无声胜有声，又带来了中年夫妻的另一种恩爱方式，叫"懂事恩爱"。

懂事恩爱——我在各种烦的时候，你要懂事，不许来烦我，不要让我看到你的人，听到你的声音……安静，就是一种懂事。

有些队友就比较不懂事，和老婆没话说本来挺好的，却偏偏不停制造噪声。

我一个朋友说他老公在屋里看《亮剑》，竟笑出声来，看五百遍还能这样子，真的是很扰民。

最后她不得不发微信提醒队友小点声。

中年夫妻的聊天对话，有时画面很美，充满想象空间，让人看得热血沸腾：

这暧昧丛生、情感起伏跌宕的对话，意味着后面有什么不可描述的云雨吗？然而实际上是"君在大床头，我在大床尾，深夜话情缘，网络一线牵"，然后……然后就没有然后了。

谈何云雨，中年人现在只有在云端翻云覆雨。也只有云恩爱才能实现真正的生命大和谐啊！

十三说

什么事都要与时俱进，夫妻间的交流也是如此。有时我们常常会觉得老夫老妻真的没什么话可聊，甚至面对面可以坐一晚上，各自捧着手机也没什么交集，觉得这真是没有共同语言、走到了尽头的感情啊！

其实，换种方式、尝试新鲜的沟通，也不失为婚姻里的一点小情调。有一阵子我和老公还经常用各自单位的工作邮箱互发邮件，内容不外乎"别忘了给儿子交餐费"之类的鸡毛蒜皮，每次鸡毛蒜皮后面跟着一大段正规的工作 title，那感觉也是很奇异的，就像在跟客户聊天，特别互相尊重和待见，绝对不容易发火，真的。

6

中年人的表白

　　假设在一生中，我们平均每个人用 60 年去爱一个人，如果每天说一次"我爱你"，一生总共要说 21900 次。

　　如果每周说一次，这个数字变成了 3120 次。

　　如果每月说一次，这个数字是 720 次。

　　如果每三个月说一次，则变为 240 次。

　　如果一年才说一次，一生就一共只有 60 次。

　　想一下，对我们含蓄的中国人来说，有多少人，对一个和你共处一生的亲密爱人，漫长的一生中可能连 60 次"我爱你"都达不到。

　　我们努力地寻找字眼，遣词造句，堆砌华丽，就为了有个不一样的表白来代替"我爱你"。

玛格丽特说："我在床上，饭在锅里。"

张爱玲说："你还不来，我怎敢老去。"

王小波说："你好哇，李银河，见到你真高兴……"

而现在的中年人表达爱的最佳话术，也许是"这道题我来给娃讲，你去休息吧"。

"520"前几天看到商家忽悠的大海报：爱她，要说出来。

孩子他爹对着那张海报露出一个轻蔑的微笑，连我都跟着一起附上了不屑一顾的冷笑："哼哼，你们是作业太少，还是家务不够？"

你看，曾经也是作天作地要玩浪漫，没有浪漫也要制造浪漫的我，如今修成正果，绝对佛系。表白这种事情，一旦刻意来做，岂不是掉价吗。

很难想象，一对中年夫妻正在商量周末的兴趣班去掉哪一个，才能再塞进一堂又贵又难但也许会有用的数学课，在这团结紧张、严肃活泼的氛围下，孩子爹突然放下手中的计算器，深情凝望着对方，温柔地来了一句"我爱你"……

"嗯？你说啥？你干了什么对不起我的事了？"

神经病啊，我们不要面子的啊！

画风真的不和谐。

真的，我们中年人的表白，一般人理解不了，但绝对不是这样赤裸裸的。

我们甚至含蓄到用"读万卷书，行万里路"的方式，只为让对方感受到"我爱你"。

从"今晚月色真美"到"去散个步吗"，每个中年人心里都藏着一个文艺青年。

不过大多数中年人，吵架的次数倒是远远高于表白次数。

有时羡慕西方人的爱情，多直白啊，我爱你，我爱你，一天能说个百八十次，说得不爱都爱上了。可中国人呢，真可谓是"吵架的巨人，表白的侏儒"。

刚结婚时，我老公说要一起去吴哥窟，因为看了那部《花样年华》。

他说："吴哥窟就像是一个未完待续的爱情圣地。"

当时我想也没想，觉得比较浪漫，后来越想越不对劲，未完待续？爱情圣地？总觉得哪里怪怪的……但是凡事要往好处想——

多么优雅和文艺，带上最爱的人，去寻找爱情里的那一束光……你看，东方人极致的含蓄表白，比一句"我爱你"丰满多了，西方人肯定是办不到的。

然而那一场旅行一点都不像未完待续的爱情之旅，倒像是一场拆散恋人之旅。

行程安排的失误，中途生病的焦灼，互相埋怨对方找的旅馆不好，沟通不畅导致行李丢失……好好的一段爱情朝拜，成了一路吵架的闹剧。

这位直男也许本想来一段梁朝伟式的爱情表白，最后却以冷战两周收尾。

生完小孩后，我有将近两年的时间身体不好，各种小毛病不断，慢慢好转之后，孩子爹觉得是时候抚慰一下我这个新晋老母，便又打算安排一场旅行。

说是重温了《西雅图不眠夜》，要带我去美国寻找爱的足迹……

你看，中年人的表白手法又是这么深情——执子之手，带你去玩——这不是比说一百句"我爱你"更管用吗?

我连续感动了好几个礼拜。

抛下儿子，二人世界，本来应该好好珍惜的，没想到从第一天开始就幺蛾子频出。再加上第一次离开孩子，心里总是惦记，心情焦虑，草木皆兵。

十天换四五个地方，几乎每天都要收拾行李，做行程攻略，本来是出来放松的，结果搞得一点不比在家里轻松，越想越来气。

唉，不是我脾气大，中年人"爱的表达"真的有点难。要想携手玩浪漫，各种前提条件很重要，要轻松，要舒适，要不累，还要处处顺心，无牵无挂。

没有这些前提，任何"行万里路"的表白都是累赘。

中年人的表白，含蓄到无法用语言表达。有时候，当你早上在厨房一言不发地准备早餐，一个转身就能看到对方把你打算从冰箱里拿出来的牛奶递到你手里，这就是一种表白。

表白，无非就是告诉对方：我们已经是彼此生命中不可缺少的一部分；无非就是告诉对方：我最了解你也最接受你；无非就是告诉对方：当我看过你最张牙舞爪、邋里邋遢、笨拙、懒惰、不修边幅的样子之后，我依然还愿意为你准备早餐，你还愿意默契地为我递上牛奶。

十三说

说"我爱你"好像真的有点难，不过表达"我爱你"并不是很难，因为方式方法太多种多样了，而且每一种方式其实都是在给孩子做示范。比如有一次，不善言辞的木讷儿子把一盘切好的水果端到我面前，然后用小勺子把西瓜上的籽一个个剥掉。

这是他看到爸爸经常会做的一个小动作，爸爸给妈妈把西瓜籽剥掉，这是爱的表达。孩子学会了，他也有了爱的表达。他们虽然没有说"我爱你"，但这种只有我们三个人才懂的"我爱你"，不是比什么都来得更幸福和可贵吗？

7

生个娃，保住爱情

我妈看着我和我老公，语重心长地说："你俩长大了，再也不会因为一个想吃鱼一个想吃肉而吵架了……"

妈，开什么玩笑，毕竟我们两口子是共同经历过吃儿子剩下的米粉、一起在高级餐厅吃过儿童套餐、擅长把娃啃了一半的鸡腿塞进嘴里的中年人，对吃还能讲究？

也不光我们这样，很多夫妻本来连吃饭都会吵架，因为口味不一样互不让步，自打有了娃以后，我们的口味终于统一了——娃爱吃什么我们就吃什么。

小孩都是猴子派来的救兵，稀里糊涂地就拯救了爹妈的感情。

婚前婚后，夫妻俩细腻而诡异的情感变化脉络大致如下：

结婚前，他的手牵着我的手，如春风拂面、河边赏柳。

结婚后，他的手牵着我的手，如同左手摸右手。

有娃后，他一把拉住我的手：二营长！你的炮！

有二娃后，手……手呢？……

一个在跟大娃斗智斗勇吼作业，一个在抱二娃喂奶遛弯哄睡觉，夫妻俩在家都跟牛郎织女似的见不着，久别后能拉上手都有触电的感觉……

都说婚姻是爱情的坟墓，这是不客观的。

婚姻虽然可以埋葬爱情，但小孩却是个挖坟的勺子，一勺一勺让你们埋没的爱情又重见天日。

小孩对夫妻关系的影响是正向的，不信你再复习一遍《只有作业才能解救中年夫妻的婚姻》，就会重新爱上你的配偶。

很多人说："我都不敢生孩子了。"

我就想对这些朋友说，为了纠正你们的错误理念，我特意给你们做了三个图，分别表示了没娃时、有一个娃时、有两个娃时，夫妻感情的指数变化曲线。

假设一孩和二孩分别出生于结婚第 3 年、结婚第 10 年。

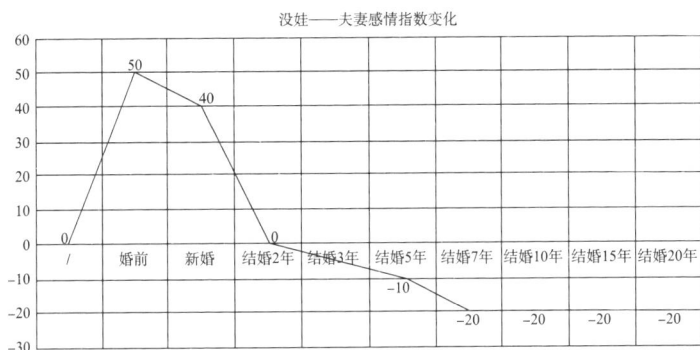

没娃——夫妻感情指数变化

没娃的夫妻——感情日渐苍白平淡，三五年之后成了纯友谊，无波澜也几乎不可能重燃新婚时的激情。

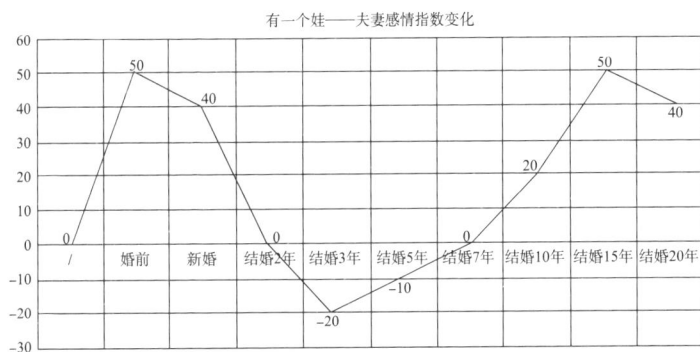

有一个娃——夫妻感情指数变化

有一个娃的夫妻——感情日渐苍白平淡，突然生了一个娃，鸡飞狗跳中夫妻俩开始感情爆破，有一个短暂的混乱磨合期，随着孩子的长大，夫妻二人日渐形成统一阵营，化爱情为战友情，在孩子上中学后达到抱团的顶峰，形成二次热恋。

有两个娃——夫妻感情指数变化

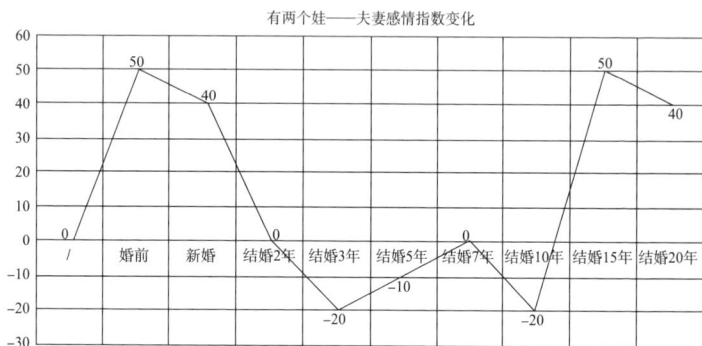

有两个娃的夫妻——感情日渐苍白平淡，突然生了一个娃，鸡飞狗跳中夫妻俩日渐形成统一阵营；突然又生了一个，再经历一次更混乱的磨合期，经历了二次考验的夫妻战友情在对付俩娃过程中升华，化爱情为生死兄弟情，在俩娃分别上中学后，形成了二次热恋和三次热恋。

所以，很明显，没有孩子的婚姻，就没有机会发生二次和三次重新热恋的可能性。

猴子派来的不是孩子，是丘比特。

有娃的老夫老妻，晚上躺在床上没啥事可做还可以做做奥数和阅读理解，想一想今天没做出来的那几道题到底是哪些知识点的缺失，互相督促抓紧补一补，也能增进战友情。

而没孩子的夫妻俩呢，晚上躺在床上没事干，可就真没事干了。

没孩子时，还要绞尽脑汁来经营婚姻，想方设法琢磨如何减慢感情退化。

有孩子后，根本不需要做什么来刻意维系情感，只要一块儿辅导作业，偶尔双打一下，感情就升华了。

经历过真正的婚姻你才会明白，爱情的真谛就是同仇敌忾，大家成了一根绳上的蚂蚱，才能相濡以沫，恩爱无间。

小孩不仅是爱情的救兵，也是恩爱的风向标。

作为一个中年老母，谁不知道如今秀恩爱的最高境界就是："我家孩子都是他爹管。"

现在连我妈都掌握了独门秘籍，知道探索我们夫妻俩关系的奥秘了——

当我教训儿子时，队友在一旁捧哏，共同教训，那就代表我们近期感情和睦，生活和谐。

当我教训儿子时，队友唱反调，我还要顺带把队友一起训了，那就表示我们近期闹矛盾，估计刚吵过架。

年轻时，如果两口子吵架，一方不诚恳道歉和弥补，另一方基本很难消气，吵一次架差不多能冷战三五天。

有孩子后，前脚刚准备摔碗闹翻，后脚儿子捧着奥数来问题目，我一看，我也不会，只能跟儿子说："问你爸去。"

这一刻我心里想的是"等你做完题我再跟你吵"。

他爸拿起奥数，仔细端详，不出两分钟，伏案狂书，跟儿子详细讲解，答疑解惑，举一反三，那伟岸的背影顿时性感起来，比拿着放大镜在珠宝店里给我挑最大的钻戒还要令人心动……

一个架，还没开始，就已经结束了。

家有读书娃，想吵个架实在太难了！偶尔碰上了天时地利人和能关起房门吵一吵，还要压低声音，放慢语速，蹑手蹑脚，吵着吵着感觉怪怪的，像是俩人背着儿子在恋爱。

神经病啊，我不要面子的啊！

小孩对夫妻感情的促进可多了去了——

以前我们去看电影，总要在买票窗口前争论半天，甚至有一次赌气各看各的电影；有了娃以后，这种分歧也没有了，我们全家亲亲热热地挤在儿童厅里看《熊出没大电影》，吃儿童套餐，可开心了。

我云以前不管我头疼胃疼关节疼失眠健忘老寒腿，通通就一句"多喝热水"；现在呢，我吼娃的时候，他还给我水杯里加爱的罗汉果，轮到他吼娃那天，我也往汤里多撒一把爱的枸杞。

自从有了娃，从干柴烈火到玉洁冰清，睡觉时中间隔一个死活要一起睡的娃，给了彼此更多思考人生的时间，大家的觉悟和格局都提升了，真正做到了睡觉时都相敬如宾。

有娃后我们一起进家长群，一同经历被老师点名表扬，共同接受大家的赞扬吹捧，享受过一起上台领奖的人生巅峰荣耀，一起畅享过想再生一个又共同决定再也不生了的大起大落，人生重大决定都在一瞬间，情比金坚。

没娃前我们一整天不发消息不聊天，有娃后每天都发消息相互切磋：比如揪耳朵治娃法要"一揪二转三提"才能达到效果，又比如分享一个小妙招：拍锁骨可以缓解火气……

没娃时每天晚上一人玩电脑一人刷手机形同陌路，有娃后俩人分享育儿文章、教育鸡汤和择校攻略，一个在书房一个在卧室用手机彼此交流，心灵没有距离，达到肉与灵的升华。

没娃时反对我铺张浪费乱花钱的队友，在有娃后每次我报兴趣班辅导班他都不反对，还夸我节约，知道报离家近的，省了油钱。

自打孩子功课越来越难，我们越来越像文盲，甚至共同遭到了娃的嘲笑之后，我们夫妻俩和睦多了，经常抱头进行批评与自我批评，找短处，挖缺点，共同进步，还一起装了"学习强国"App。

在有了娃这个爱情的结石，啊不，结晶之后，家庭的凝聚力增强了，夫妻间的默契加深了。你吼娃来我递水，我打娃来你助威。双方互相看不惯的各种小问题在对付熊孩子的大事业面前都不值一提，毕竟眼下当务之急是：搁置争议，共同治娃。

周末去参加校园开放日，发现几乎每家都是爸爸开车把妈妈和娃送来，放人下车，活动结束后一声令下再立马到指定地点会合，上车走人。

无数对中年夫妻，在这凌而不乱的配合战中，行动老练有序又麻利，如同训练有素的战友，各自还怀揣多种应变技能和 Plan B，默契度高到爆表。

这应该是靠多年来的各种辅导课、培训班、大小比赛、接送陪读，练就了缜密的行动纲领和毫无破绽的配合战术。

就凭这无比默契和相互依赖的钢铁战友情，就断了很多人想离婚的念头。

毕竟一想到以后没人打配合，生活质量也高不到哪儿去，"想离婚"的下一秒先给自己埋下伏笔："等把今年的辅导班上完再说吧。"

我们小区有一对中年夫妻，每天晚上都出来散步一个半小时，有时候还买一支雪糕在我家楼下的凉亭里你喂我一口我喂你一口，互相依偎着数星星看月亮。是什么让他们的夫妻感情这么甜蜜，大庭广众之下乱撒狗粮，还不是因为他们家有一个高考学生，为了不影响孩子的学习被迫散步。

所以你要是害怕爱情褪色，不妨赶紧生一个娃。如果不行，再生一个。

▌十三说

真的挺感谢孩子。倒不是因为是他保住了我和他爹的感情，而是有了他之后，我才真正成熟起来。很多时候，让我们成熟的不是年龄，而是孩子的年龄。有了孩子，我们才像一个真正的成年人。

孩子有时候很纯真，有时候又好像什么都懂。面对他的纯真，我们不想把大人之间的那些糟粕传染给他；面对他的懂事，我们又不希望大人的情绪影响到他。孩子真的是婚姻的解药，不管有什么大病小灾，有这个万能药方，没有什么病是治不好的。

8

最高级的婚姻，是不让中间商赚差价

结婚以后，一定肯定确定会过的节就两个：春节和清明节。

原因很简单，这两个节是家里老人会负责提醒的，其他节，得过且过；不得过，就在朋友圈里看别人过。

对女人来说，情人节、妇女节、母亲节、圣诞节、七夕，这些"以爱为名"以及强调"生活要有仪式感"的节日，都可有可无，到了一定年纪也就看明白了。现在我已经养成了看热闹的好习惯，从村头小卖部买一斤瓜子，找大华赵雅芝借个小板凳，开始看戏。

隔壁村大黄两口子看个电影吃个牛排都成了高级仪式感，老婆还要求大黄在朋友圈晒自己的美颜照（P得亲妈都不认识），大黄刚一发，就获得一大堆点赞。大黄前天还在群里约女群友打麻

烛光晚餐
不如儿童套餐

将呢，真会给自己加戏。

当然，如果双方都愿意配合，那也不是什么坏事。一到节日就秀恩爱，我认为这是用区块链的思维模式在维持感情——

隔三差五通报张三李四王二麻子：你们都看好哦，我们两人很恩爱的哟。

隔三差五通报对象：你看好哦，张三李四王二麻子都知道我们恩爱哦，你给我老实点哟。

就这样，既获得了张三李四王二麻子的赞美羡慕，又能降低对象劈腿的风险系数，多好。

造作啊，人类上演一幕幕爱恨情仇的苦情大戏，折腾了自己，成全了别人，最后养活了一大批商人。

以前年轻气盛，我还经常觉得挺不爽的，连"七夕"这种不知什么时候冒出来的情人节，玩浪漫秀恩爱的人都铺天盖地。而我们这些已婚妇女，一年比一年过的节少，有些是忘了，有些是提不起情绪，还有些，干脆是赌气：哼，老娘还缺个节过吗，老娘天天都过节！

如果嫁给了一个直男，请记住，他有"选择性遗忘症"，你会发现，不该记的他都经常叨叨，该记的全忘了。

结婚后，别说七夕了，就连生日我都得提前一周暗示，一日三次，一次一示，再不行就加大剂量，到最后撕破脸明示，显得又做作又作……

后来，慢慢地不知怎么回事，"不过任何节"成了一种风尚，仿佛不过节不秀恩爱的女人迎来了出头之日，搞得像妇女界楷模，透露着一股强大的"哼哼哼"的腔调。

最重要的是，过节这种事基本是女人主导，只要你主动，就会有故事，而且是18禁的那种，男人基本都能（硬着头皮）满足你。然而，现在的已婚妇女总是越来越懒的，工作、带娃、家务，少许的空闲填补自己胶原蛋白和精神食粮，对恩爱的需求度降低了很多。

举个例子，有一次我结婚纪念日，提前一周我还在畅想，要不我们来一次远足。心里想着跋山涉水的路上，二人敞开心扉彼此倾（tu）诉（cao）的浪漫景象多么有影视剧色彩啊。

过了两天，我仔细一想，要走那么多路真的好累啊，而且耗费时间又太多，最好来个快一点又刺激的。他说："好，我们去坐磁悬浮吧，坐到浦东机场，再坐回来。"

就这么谈崩了，最后我放弃和这个男人讨论，决定还是从简，就吃一顿大餐以资鼓励算了。结果到了那天，倾盆大雨，我压根儿懒得出门，两人在家吃了一顿海鲜泡面，庆祝了这个神圣的纪念日。

后来想想也挺好啊，人家都说："爱对了人每天都是情人节。"我说："嫁对了人每次过节都省钱。"

而现在，"每逢佳节都省钱"，成了已婚妇女过节的大趋势。

现如今，不秀恩爱的一伙人自娱自乐，秀恩爱的一伙人自我满足，真恩爱但不秀的一伙人看着秀恩爱的一伙人暗暗发笑，不恩爱的一伙人看着秀恩爱的一伙人嗤之以鼻。不屑于秀恩爱的人和总喜欢秀恩爱的人不会成为好朋友。

当然，已婚妇女也不是所有节都不过。

有了娃之后，还得过六一儿童节。娃上幼儿园后，或许能过几个母亲节，因为幼儿园会让娃给你做贺卡。上了小学就没有老师叫他们做贺卡送妈妈了，但别急，你还能参与另一个节：教师节。

任何与娃相关的节日，妈妈们都牢记不忘，既不偷懒，也充满激情，且往往都舍得花重金出血本。

不过，有娃以后，和自己有关的节日就更加寡淡了。

我有个朋友，六一结婚的，有一次她告诉我，她的结婚纪念日现在都是蹭儿子热度，六一带娃吃喝玩乐，在吃披萨的时候顺便举起柠檬水，对娃说："宝宝，今天还是爸爸妈妈的结婚纪念日哦。"爸爸听完立马举杯："对对，来，庆祝我们的纪念日，干杯！"

听完她的故事，我就送了这首歌给她，你看这歌词写得多好：

　　没，没有蜡烛就不用勉强庆祝。没，没想到答案就不用寻找题目。没，没有退路那我也不要散步。没，没人去仰慕那我就继续忙碌。来，来，思前想后，差一点忘记了怎么投诉。来，来，从此以后，不要犯同一个错误。将这样的感触写一封情书送给我自己，感动得要哭，很久没哭，不失为天大的幸福。将这一份礼物这一封情书给自己祝福，可以不在乎，才能对别人在乎……

　　唱着唱着，自我修养又提高了。

　　我们心里要有一点信念，爱不爱这种事不要和别人比，幸福不幸福这种事要自己去度量。既然女人总是把更多的重心放在孩子身上，连自己都忽略了自己，为什么要求男人始终把重心放在你身上呢？

　　要知道，织女还能每年过一次七夕，如果她真和牛郎住一块儿了，估计会怀念银河对岸的。

　　怎么办呢，谁曾经不是小公主？然而生活这把杀猪刀，见不得小公主老霸占着主位，该让贤给年轻姑娘去造作了。

　　过好自己的小日子，不给人添堵，更不给自己添堵，就是已婚妇女过节的自我修养。

　　有次情人节，我拖家带口在国外漂着，忙得忘了这事儿。直到收到经常光顾的花店发来的短信："明天情人节，我们为您准备了一枝玫瑰，别忘了来拿哦！"

我跟老公说："可惜了，免费的玫瑰，来不及回去领。"

这个钢铁侠顺着杆爬："咱们不是贪小便宜的人。"

钢铁侠确实不贪小便宜，他从不白拿免费的玫瑰。

于是我从没收到过他送的玫瑰。

历数十年来我从他手里接过的各种礼品，可以看出他是一个务实的男人。

当年找对象时我妈说要找一个踏实会过日子的，这么多年过去了我只想恭喜我妈，你反正是找对了女婿。你的这个女婿把日子过成了沉积岩，绝对够踏实。

当然，在彼此的磨合中他也在实用原则下逐渐开始考虑兼具美学与艺术并存，比如最近给我买的镊子和硅胶刷头，都是粉色系的。

作为他的好兄弟，我觉得他的这个举动说明他可能还是觉得我有点娘。

我从他那里收到过的最隆重的一次礼物是一套智力玩具，里面有莫比乌斯圈、鲁班锁、九连环……他抱着这一坨玩具告诉我："听说一孕傻三年，来，这个可以帮助你恢复智力。"

从拿进家门第二个小时开始，这套玩具陪伴了他整整半年，他的智力倒是飞速提高了。

其他礼物就更不用提了，比如送我一本他爱看的书，送我一包他爱吃的薯片，送我一场他爱听的海底电缆科普讲座……

我一朋友曾告诉我，她老公给她送过的最直男的礼物是一窝鸽子，说鸽子代表了诗和远方。

还没等他俩定的鸽粮到货，鸽子就越狱了，飞向天际，自己找远方去了。

于是这个礼物是名副其实的"放鸽子"。

呵呵，男人。

说男人不懂女人，不会营造气氛，不知道怎么送礼物，那也是不够客观的。

他们大多数时候只是不想让中间商赚差价。

有了孩子后，我和孩子他爸很少有二人世界，一开始觉得好命苦啊，怎么不能像人家那样过着王子和公主的生活，一年到头总有各种惊喜浪漫。后来慢慢发现，这样挺好，实惠。

各种靠劈情操来坐实感情的节日其实都是甲方的陷阱，对我们来说很鸡肋——浪漫的人根本不缺这一环，不浪漫的人视之如粪土。

据统计，在情人节、七夕节、圣诞节、结婚纪念日等以爱的名义来过的日子里，最高频的行为是：吵架。

每一段你肉眼看得到的缠绵悱恻背后，都有只属于两个人的挣扎揣测；大多数你看得到的平静中都可能包含了大风大浪。

战争与和平在感情里从不被剥离。

我就亲眼见过因为办公室里的小姐妹都收到情人节礼物而自己却没有，当场就把老公拉黑删除的故事。

情人节，与其说是什么福利，倒不如说是爱情的杀手。它的最大贡献是让人产生攀比，心生妒忌。唯一看热闹不怕事大的人恐怕只有中间商。

对于感情里的中间商们，年纪越大越不需要他们。

男人与女人的思路是完全不同的，你如果想和一个直男好好过日子，就必须彻底明白一个道理——

我们不出去吃烛光晚餐主要是因为我们家有蜡烛。

只要你把蜡烛点亮，眼前的桌上可能只有煎饼卷大葱和水电气账单以及娃的 B- 考卷，那也是很给生活加码的浪漫。顶多等猪队友怒吼一声"什么玩意儿"时，狠狠吹灭那浪漫的火焰，那也不亏。没有中间商赚差价的浪漫才是真的浪漫、饱和的浪漫、不怕丢人现眼的浪漫。

别人情人节最后的温馨大结局可能是酒店里铺满花瓣的大床，但是，还不是得把花瓣收拾干净了才能睡？我们不去，倒也不是嫌花瓣麻烦，主要是因为我们家有大床。

中间商以为搞这样那样的花样可以促进感情增添生活美感，

我们笑而不语，只看穿不揭穿。

不是因为我们不需要促进感情，而是因为我们已经把感情掰断了揉碎了撒进了每天的日子里，如果一套奥数题还不够重燃激情，那么就两套，不行再加一套阅读理解。还用得着什么比共同辅导作业更有美感的仪式？这一关能过，这无坚不摧的感情还需要什么玫瑰花的检验？

带刺的玫瑰只会暴露强颜欢笑的假象，只有带刺的娃才能证实缺一不可的真爱。

一把年纪了，说自己没过过情人节有点不大好意思，说没情人也太掉价了。

好多成年人强调自己不过这个矫情的节，其实是给自己找回点面子。大多是疲于生活，无暇浪漫。

还有些人的浪漫情怀不够支撑激情，就只能依靠"给生活加点仪式感"来强加浪漫，如今的仪式都是走肾。

我们磅礴的肾上腺素走这点情怀还不是小菜一碟？但我们高尚的理想和追求不拘于此，我们的肾上腺素不献给中间商，而是用到更伟大的事情上去，比如择校……

不过情人节不代表我们没有情人。

我们有情人吗？都有。

往大里说，爱情是一种贯穿生命的指引，你想要让自己感受爱情，爱情就在那儿。你要不想感受，那就不一样了。只要是夫妻或情侣，但凡是自由选择，多多少少都曾有爱情的影子。

是影子就不错了，有影子是因为有光。

往小里说，我们可以制造情人，比如孩子就是小情人。

我们对爱的定义是很庞大又微妙的，大到难以捕捉，小到时时刻刻。之所以把孩子当成小情人，是因为 TA 容易被你俘虏，无条件爱你。

你的配偶可能是个钢铁侠，不懂节日的仪式感，也不懂制造温馨，在情人节这种节日指望不上对方给你营造生活的小确幸，这种时候孩子就是生活的台阶，和小情人一起过节，和这个爱情的结晶一起快乐地度过一个仪式，既没有向生活妥协，又确实感动了自己。

说到底，过这种节日是为了"表达"，人需要有一个表达和被表达的情感寄托。我们不在这一刻表达，就应该在另一刻表达，或者时时刻刻表达。

我们没有"母子节"是因为母子间的表达与日月同辉，无时无刻，充斥在生活里，每天都会听到"宝贝我爱你""妈妈我爱你"。而情人节之所以存在就是因为大人间"表达"的需求太强烈了。

话说回来，老夫老妻之间，又需要什么样刻意的表达才能维系激情呢，可能最好的方式就是平淡吧。

有空过情人节，不如做一些更务实和增进感情的事，比如在开学前分配一下赶作业任务，小报我负责，你去买一罐 500 毫升的饮料赶紧一饮而尽好给娃把灯笼赶制出来。

在这生龙活虎又匆忙的日子里，浪漫就是撇开一切中间商，自己 high 起来。配偶能在今天搞定娃，补完所有欠下的作业，比送我什么礼物都令人感动。

十三说

有的时候会看到朋友圈里某某秀礼物，也会由衷地羡慕对方能享受浪漫。转念一想，浪漫的人其实有很多，而有很多真浪漫，却根本是很私密的，我们无法察觉的，更不会大肆宣扬的。

现在琳琅满目的各种节日，徒增了很多消费渠道，却不见得能让我们的日子变得比以往更浪漫。懂浪漫的人和有爱的人，平淡如水中也能常见真挚，中间商能赚到的，也只是应付于生活表层的那一波浪漫红利而已。

9

夫妻就是戏搭子

每次老公对我说"爸妈已经在来的路上,一会儿就到",我们总能以迅雷不及掩耳之势,一个冲进厨房,一个冲进厕所,开始抢险式大扫除。

这是考验我们默契实力的攻坚战之一。

这届老年人喜欢"突击检查",突然来看看我们。我很欣赏他们这种说走就走的精神,但内心里的另一个小人总是会在这时唱起歌:

最怕空气突然安静,最怕爹妈突然的关心……

于是我们经常为了大局,或者说为避免一些麻烦,尽量配合演出,上演五讲四美的社会主义核心价值观电视剧。

比如立刻停止训娃或吵架,把气氛调到唯美而自然的频道。

除了整理好内务，我们还要争取在老人推门而入的一刻，呈现出绝美画卷——

有一个干净到令人发指的环境

有一个穿针引线缝缝补补的媳妇

有一个手握灯泡埋头修理保险丝的儿子

有一个大声朗读英语的孙子

孙子身上还穿着奶奶织的毛衣……

在这样的童话世界里，大家其乐融融，尽享天伦之乐。

要知道，在长辈面前保持优雅团结，是非常重要的。

就当是陶冶了自己，成全了别人。

几年前有一次，我当着我妈的面和老公吵架，老公基本没说话，我哔哩吧啦一大通。结果在接下去的足足半年多时间里，我妈三天两头耿耿于怀：你这个臭脾气，你这个臭脾气……

打那之后我算是学乖了，在父母面前绝不吵架，尽量表演夫妻恩爱。

要实现"三不一做"：不说配偶坏话，不告状，不诉苦，做出一派祥和的美景。

每次当我妈和婆婆聚到一起，就像两个优秀的相声演员，一个捧哏一个逗哏。

一个说"我们不管他们，少操心"，另一个说"是啊，

是啊";

一个说"孙子我们也不要多管，我们不添乱"，另一个说"没错，太对了"。

说完后，俩人分头给我发消息，指导生活方针和育儿技能。

掌握了老一辈的这一特长之后，我和老公演技也越发成熟。平时在家里为了带孩子的事三天两头吵翻天，一旦听到长辈发话了，马上统一口径："好的，好的。"

一点分歧都没有。反正也不听他们的。

在老人面前"演技"要好，在孩子面前更是需要精益求精。

有时候我们俩正冷战着，儿子突然出现，我立马就能露出慈母贤妻的微笑，让儿子感受到"家庭的温馨"……

有一回老公又把电烙铁堆在我书桌上，一桌子的钳子螺丝发光二极管，我一怒之下，抓起电烙铁准备扔出去。

正在这时儿子跑进来。

我端着电烙铁的手微微一颤，说时迟那时快，摆出一个优雅的姿势，对儿子说："你看，爸爸的电烙铁厉不厉害？等你长大了也可以学哦！"

……

论一个演员的自我修养。

作为经过多年历练的最佳男女主角，我们深知"多一点演

模范夫妻
全靠演技

技，少一些烦恼"的道理。

关起门来我们可以以各种形式吵架、冷战和博弈，但打开门面对亲朋好友的时候，一致对外，伉俪情深。

那些经常秀恩爱的老夫老妻，关起门来还不是平淡如水，难道下班回家做饭洗碗收拾房间带孩子陪作业的同时还能郎情妾意、你侬我侬啊……

现如今，作为老夫老妻的我们连吵架都很少，顶多有个不经意的小矛盾，来个冷处理。

这样的冷处理没有什么长性，经常会因为儿子一句话、爸妈一个电话、朋友一次约饭甚至居委会大妈一次敲门签字而突然间暂停，我们立马像没事一样，你一言我一语，态度温和，情绪稳定。

等这一切搞定，再回到二人世界继续冷战，即使已经记不清刚才是为什么事不开心来着。

这是一种仪式感，是老夫老妻间的一种特别的小情调。

这也不是虚伪。要知道，没个七八年钢铁兄弟关系打底，默契值不够，是根本达不到这种纯熟技艺的。我们这是实力圈粉，互相打 call。

十年夫妻，一份难能可贵的默契其实就在于：在不同场合有不同表现。

关起门：你这个男人怎么一点责任心都没有啊！

打开门：我家孩子爸爸对孩子还是很上心的！

关起门：我上一天班也累死累活，哪里比你轻松了！

打开门：我家爸爸工作比较忙，比我辛苦多了。

关起门：你看看别人家老公"520"还送花，你呢？

打开门：哎哟，都老夫老妻的，谁还过什么节啊！

试想一点演技都没有的夫妻，不但自己日子过得难受，还给别人添麻烦。

只要不是不可调和的矛盾，随便把夫妻间的小打小闹带到公众面前，那是幼稚的表现，不能证明你真性情和敢于做自己。

夫妻就是合伙人，总能在某种忘却自我的边边角角发现共同利益。

能维持的漂亮婚姻背后，都有一对入戏极深的最佳男女主角。

而这种入戏，其实都不累，已经是一种浑然天成的条件反射。

就好比学霸也偶尔在考试时偷看一眼笔记，无伤大雅，分数更漂亮了，皆大欢喜。

去年参加公司家庭日旅行，途中好多天，能见到不少老夫老妻都因为一点琐事磕磕绊绊斗斗嘴，一转身进到大部队里又马上喜笑颜开，像刚才没发生不开心的事一样。

唯独有一对新婚的小夫妻，才第二天就开始冷战，女的干脆拒绝参加一切活动；男的一个人尴尬地混到了第五天，直到行程结束，还没有把老婆哄好。

我们一群大龄老夫妻相视而笑，看到了自己当年的影子。

但这么多年的历练过去了，从二人世界到大千世界，没有一点自如切换的演技，真的是很难成熟起来的。

大家都是千年的狐狸，没两把刷子成不了精啊。

真正好的婚姻关系，不仅在于二人之间的酸甜苦辣能共度，更在于当二人作为一个整体面对外面世界的时候，还能默契出演，收放有度，不给人添堵。

可以说是锻炼了演技，陶冶了情操，修炼了自己，和谐了家庭。

《围城》里的褚慎明说："结婚仿佛金漆的鸟笼，笼子外面的鸟想住进去，笼内的鸟想飞出来；所以结而离，离而结，没有了局。"

婚姻本是围城，现在有堵墙是拆不掉的，但很多人为它开了窗，不但更透气，还能欣赏外面的景色。

打麻将有牌搭子，喝酒有酒搭子，夫妻做久了就成了戏搭子。

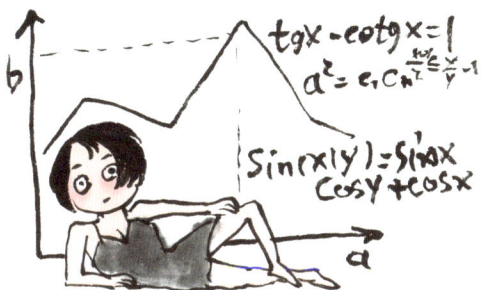

你永远不知道
自己和数学题
哪个更勾魂

以婚龄十年左右的中年夫妻来讲，没有了新婚时的干柴烈火，尚够不到暮年时的云淡风轻，正是磨炼演技的时候。在亲友面前要演出伉俪情深，在孩子面前要演出母慈子孝，时不时还得应观众要求加点儿智斗小三、婆媳大战、谁动了我的私房钱等戏码。

起承转合，眉梢眼角，远景近景，偶像剧，动作片……戏要足，但不能过，心中再五味杂陈，七情也不能上脸。

模范夫妻，全靠演技。

誓要做一个德艺双馨的老艺术家，为构建和谐社会添砖加瓦。

十三说

一个眼神，一个动作，一次皱眉，一弯浅笑，这都是老夫老妻之间才有的暗号，从某种角度来看，不失为一种独有的情趣，独特而智慧。

各行各业都有职业素养和规矩，当作"戏搭子"来看的话，夫妻这个"行当"讲究的是说学逗唱，望闻问切，一切都能驾驭的前提下，才能做到一切都不需要去刻意驾驭。

"戏"是一种洒脱的生活观，人生如戏，戏如人生。把日子过成了戏和把戏过成日子，都是最高的情怀，最大的智慧。

10

已婚男人都有点特异功能

我老公真的有特异功能。昨天我好不容易决定给自己放一天假，不更新公众号，在家养一养生，睡觉吃饭睡觉吃饭睡觉吃饭，过一天轻松安静无人打扰的公主生活！呵呵，谁知道，我老公也没去上班。一个 200 斤的大活人在我跟前晃来晃去。我刚想安静地冥想一下人生，他就会突然在我耳边叨叨："我新买的大红袍呢？"只要我想坐下来好好享受一杯咖啡，他忽然就从我后脑勺蹿出来："你有没有拿我的发光二极管？"然后，"我的《百年孤独》怎么找不着了？""你把硅胶枪放哪儿了？""快来看这里有蚂蚁！""我是谁？从哪里来？到哪里去？"……

我问他："你为什么不去公司？""我难得没啥事，在家陪你不好？""大哥，麻烦你上班去吧，我不用陪。""我上班的时候你又说我是云，指望不上。呵呵，女人。"出息了，这届男人真的出息了，总结能力越来越强。然而就在两天前，当我因为要在一天内连续开三个会而忙得分不开身，需要人带娃的时候，此云却在早出晚归地上班。这就是他的特异功能：我不想看见他的时候他一定在眼前晃，我需要他出现的时候他一定在别处忙。

当然，还有当我约了饭局需要有人在家给娃做饭的时候，当我出门不想开车需要一个驾驶员的时候，当我去医院看病需要人给我搭把手的时候……他的特异功能都尤为特异。

而当我想不受干扰地教训一下儿子的时候，当我想把遍布全家各个角落的废品收集起来偷偷扔掉的时候，在偶尔偷懒不做家务不想被人发现的时候……他特异功能的另一面也特异了起来。

老天让我们嫁给男人，是为了来磨炼自己——指望不上他的时候，你便锻炼了自己的能力；躲都躲不开他的时候，你又不得不让自己变成更好的自己。

昨晚躺在床上，我一转身，看到这200斤的巨婴斜卧在我身边，两只眼睛直愣愣地看着我，忽闪忽闪的大眼睛里涌出一股湖蓝色的涟漪，感觉像是又恋爱了呀！我想起了前阵子网上流传的一个测试，说凝望一个人10秒钟，如果他喜欢你，他就会亲你。于是我在心里默数秒针，5秒，8秒，10秒！12秒！16秒！都快30秒了，怎么还一动不动？他依旧凝视着我，忽闪忽闪的大眼睛里涌出一股湖蓝色的涟漪，感觉确定是又恋爱了！也许是直男不善于表达，想亲却下不去嘴吧！我帮他找了几个借口。还没等我想完，他悠悠地飘出一句话："我知道了，连接 DF 做辅助线，阴影部分面积就是大圆减小三角形……"

说完，他猛地一个鲤鱼打挺，从枕头底下掏出未完待续的草稿纸，刷刷刷地画图、连线、计算，又一道世界未解之谜变态题被做出来了！这全过程我没敢喘大气，直愣愣地看着他，足足凝视了一分钟，深情而含蓄，忽闪忽闪的大眼睛里涌出一股湖蓝色的涟漪，是一如既往的失恋的感觉！已婚男人的这项特异功能，也是拿捏得准的。就是他能以一种你本以为唯美柔情的方式，顺理成章地告诉你，你在他眼里还不如一道数学题勾魂。他可能不会凝视你 10 秒后就亲上来，但他却可能在凝视你的 30 秒内泰然自若心无杂念，把你性感的脸蛋当成一块黑板，然后用意念在上面做完一道几何题……而他却永远求不出你的心理阴影面积。

最近几天我心情大好，因为快开学了，你懂的。我一时没忍住激动的情绪，跟孩子爹讲述了开学的种种好处，痛斥了暑假对老母亲的精神摧残。我激情飞扬地说了半天，他只冰凉地反馈了一句："有什么区别，不都一样吗！"此时女人会十分好奇一件事：传说中那种可以"进行灵魂深度沟通"的中年夫妻，指的是不是在探讨苏格拉底和毕达哥拉斯以及宇宙理论的时候才能深度沟通？真的，已婚男人的特异功能之一是深浅绝不可测……

他们由衷地认为"放暑假和开学真的没太大区别"，但他们会觉得"去航头摘草莓和去南汇买水蜜桃"是两个完全异类的平行空间，而对女人来说"那不都是去郊区买水果吗，有什么本质区别"，呵呵。

"你这个口红和那个口红有什么区别，完全一模一样！"

但他那两块连内六角螺丝的位置都完全一致的用肉眼无法区分的硬盘，他能说出一千六百多个差异，呵呵。

他可能永远不会试着用科学的方法和从逻辑分析的角度，去思考你为什么认为开学能使女人这么开心，他宁愿就这一问题和你吵架、辩论、冷战，也没有办法承认他的逻辑错误。

而事实是，这些鸡毛蒜皮的事确实没什么好争的，这件事也是我们结婚十年学到的 love & peace 特异功能。

是的，男人往往用他们的各种特异功能，带领女人也走向特异功能的终极顶峰，深呼吸。

十三说

男人和女人来自不同星球。结婚前，两个不同星球的人，都会看到来自另一个星球那熠熠生辉的光芒；结婚后，才能发现这些光芒除了刺眼，没别的什么价值。于是，透过那些虚无的光芒，夫妻俩开始看到了彼此星球上的刺，互相被扎，一起疼。

其实在生活里，当我们从"努力想拔掉对方的刺"，到"习惯那些刺"，再到"适应有刺的生活"，甚至"享受刺痛的舒爽"，这个过程都是彼此的成长。

以前我们只会看到"别人的老公"有哪些亮点，如今却也学会了看到"别人的老公的刺更多"，所以我们不是变得对自己的丈夫越来越满意了，而是我们知道了没有一对夫妻是完美的，没有一场婚姻是绝对柔和的。我们能够做到把对方那些曾经接受不了甚至痛恨的缺点，上升到"特异功能"的高度，付之一笑，落落大方，那我们对婚姻的包容度就真的够高了，这也是对自己更好的一条捷径。

11

老公和婆婆同时掉水里，先救谁呢？

这是一道送分题。

千百年来的传统问法一直是女人问男人："我和你妈同时掉水里，你先救谁？"现在情况大有不同，这似乎压根不是一个问题，如今的女人不指望老公动手，大多数中年妇女不但自己会游泳，还很有可能随便一个反手就先把婆婆捞上岸。老公还没反应过来，一切就已经完美解决。也用不着夸奖赞美感谢，大多数女人接下来应该会面不改色地拔腿就走，没什么好说的，还得赶紧回家给娃做饭检查作业，那么多事等着呢。

但如果老公和婆婆同时掉水里，先救谁就成了一个问题。

我婆婆有时候真的比我老公有用。比如在我特别忙而孩子又突然生病的时候，我老公可能又会"十分不巧"地出差去了，但婆婆会随叫随到，马上过来帮忙。

又比如逢年过节给各种亲戚准备礼品的时候，老公可能会丢下一句"别折腾了送什么送啊"然后消失不见，只有婆婆会帮着参谋给意见告诉我怎么送才合适……

教育娃的时候，老公可能只会说："你声音小点，他还小，大了就懂了。快，儿子，我们踢球去！"只有我婆婆还会添油加醋地在旁边跟我儿子叨叨两句："听妈妈的哦，妈妈说得对！"

老公早出晚归，回来可能会被安排给儿子讲讲数学题，或是会待在书房继续加班，我们俩一周加起来说的话，可能还不如我和婆婆两小时内说的话多。

我们和婆婆不住在一起，可能这就是距离产生美吧。我试想了一下，如果和老公也不住在一起，每个礼拜团聚一次，带带孩子，我会觉得："哇！这个男人好优秀，每次来都能和孩子玩很久，太给力了！"

可天天住在一起的人横竖都是看不顺眼的，每天见他，仿佛脸上挂着一副对联，上联：既不会带孩子，下联：也不懂做家务，横批：哼。

所以我时常拿婆婆的这个例子来宽慰自己，你看，别人总说婆媳关系难相处，我和婆婆却相安无事，感情融洽，相处愉快，也没有什么矛盾。主要原因就是距离产生美，在有距离的前提下，人对任何事都产生了莫名的包容和谅解。

于是我常常给自己制造一种幻想：当看老公不顺眼的时候，我就对自己说："嗯，每年只能见他一次，宽容点吧。"然后就真的感觉好多了。

真的，自从拥有了和织女一样的心态之后，看牛郎怎么都不会嫌弃了，会去多想他的好。"他还是挺帮忙做家务的，好多事不用我管""他还是对孩子挺上心的，经常问他学校里的事""他还是关心我的，经常问我是不是忘了吃药"……

夫妻做久了，谁也无法了解只有我们彼此才了解的默契和相处方式，唯有靠自己才能调节。

老公和婆婆同时掉水里，无论我是从"孝顺"还是"人道主义"或是任何其他角度，先救婆婆，一定是因为老公的自救能力比婆婆强，而对婆婆的这种孝顺也一定很大程度上归功于距离。这种距离带来的情感倾斜，给我们最大的启发就是"老公经常躲在厕所可能也是为了距离产生美"，见不到的时候至少相对安全。

十三说

我认识一些两地分居的夫妻，大部分是妻子带着孩子在一个城市，丈夫独自在另一个城市。每周他们会在两地中的一处相聚、过一个周末、再回到原地。我发现一个特征：这些妻子比较少抱怨她们的老公，顶多只会抱怨目前的状态，觉得两地分居太不好了。

她们是很渴望一直居住在一起的那种状态，而身边其他的中年夫妻，有些会很希望夫妻中的一方调动工作到外地甚至外派海外，这反差真的挺大的，也正好反映出来"距离"对夫妻的影响。

这正好也是一个巧妙解决夫妻关系问题的小技巧。我的方法是"假装我们是分居，他在家做的一切都是我赚到的"，有些人的方式是制造出差或出去短途旅游几天，把关系调整到不那么紧绷和焦灼的状态。

方法有千百种，调剂的尺度只掌握在有智慧的女人手中。

第三章

中年妇女优秀不优秀，主要看娃

1

中年妇女优秀不优秀，主要看娃

讨好一个中年妇女很难，她们太容易识破虚实，多数时候脸上笑嘻嘻只是给社会一点面子。

大家都是千年的狐狸，你跟我玩什么聊斋啊。

你以为能打动中年妇女的只是几句"你还年轻""你不胖""风韵犹存"……其实这些废话就如同我们对一个幼儿园小朋友说"你已经长大了，怎么还不懂事"，或是对一个男人说"你已经当爹了，怎么还这么懒"一样徒劳无功。

所有这些废话加起来，都敌不过穿上秋裤的那一刻，走到街上被人热情地问候一句"姐，健康养生了解一下"来得实在。

哪个中年妇女不是锤打过千万遍的大铁锅，耐敲耐磨耐热还存得住营养价值，看起来很优秀了，但就是没人家花拳绣腿的骨瓷小碗值钱……

然而，有一种人却非常容易闯进中年妇女的内心，直击她情感的软肋，融化她冷若冰霜的灵魂，成了她喜欢的人。

这一切是因为什么呢?

因为这种人掌握了讨好一个中年妇女的关键技能——夸她的娃。

可不是吗，一个中年妇女至少有 90% 的喜怒哀乐取决于娃的状态和表现，以及来自外界的褒贬。

娃对中年妇女肉体与灵魂的直接影响力，甚至超越了大姨妈。

这就是为什么每个月总有那么几天，容易遭遇一位情绪跌宕不定的中年老母，那很可能是碰上了她家娃小测验、月考、大考，被老师怼了、被同学咬了，精品班没报上、杯赛没得名次，家长会上丢人了，或是在碰到以上情节时屋漏偏逢连夜雨，突然发现意外怀了二孩……

总之，孩子是中年妇女的晴雨表，更是中年妇女的交友准绳。

几乎所有的中年妇女，在有了娃之后，社会属性就变成了以"老母"为主，从此以后交友准则是"以娃会友"：

我们拥有同年龄同性别的娃，那我们或许能成为深度闺蜜。

我们拥有同年龄不同性别的娃,那也许能经常一起切磋。

我们拥有不同年龄相同性别的娃,那只会难得交流一下。

我们拥有不同年龄又不同性别的娃,就止步于点赞之交了。

我有娃而你没娃,形同陌路。

我有一个娃而你有两个娃,那或许能挽救我们的友谊,因为经常可以让你说说你有什么糟心事,好让我开心开心。

如果你有三个娃,山无棱天地合才敢与君绝。

娃是中年妇女唯一的软肋,抓住这个软肋就能稳住一个老母。如果把软肋当鸡肋,你永远也不可能彻底赢得一个中年妇女的欢心。

我小表弟夫妻俩到国外度蜜月,发来一堆美照,我看着那照片上的新娘总觉得别扭,又说不上哪不好,总之就是没有眼缘吧,感觉也许这辈子和她也不会有什么交集。

他们回国的时候来看我,小表弟掏出一套化妆品给我:"姐姐,这可是好多人推荐的,去皱保湿美白……"

怎么?我需要去皱?我需要美白?你这是嫌我老?还是显摆自己年轻呢……

这种"直男式送礼"的马屁简直是中年妇女的砒霜,心里虽然咒骂着,但脸上还是笑嘻嘻(地收下了)。

这时弟媳妇乖巧地掏出一套全英文儿童百科绘本:"姐姐,

说点倒霉事
好让大家开心开心

这个是给你家公子哒，我看你们这小学霸平时那么棒，看了不少原版书，我猜他一定会喜欢吧？"

这一瞬间，一直看不顺眼的新媳妇，顿时变得又美又可爱又懂事了。

"哎哟，弟妹，你看你还这么破费真是的……是呀，我儿子平时就爱看书，特别爱看百科类的，你眼光真不错。"

"别客气，姐姐，一看就知道你们全家都特别爱看书，父母熏陶得好，要不儿子怎么会那么棒！"

我发誓从此以后我要把这个弟媳妇当成自己的亲妹妹一样对待。

归根到底还是女人最了解女人啊，其实讨好一个中年妇女真的也不是很难，直截了当夸她的娃，比说什么都更事半功倍。

我带儿子出去的时候，有人会说："你看起来很年轻啊""你保养得很好啊"……大部分都是没话找话的寒暄，引申含义是"你都这把年纪了还努力打扮成二十几岁的样子真是辛苦啊""你得在脸上砸下去多少银子才能显得比实际年龄小八岁"……

碰到这种时候，我内心毫无波澜，甚至已经用意念怼回去了一百多遍："你年轻了不起啊，谁没年轻过，你老过吗？"

但如果对方说"你儿子好帅呀"，我就明显感觉好多了。

如果对方说"你儿子真好看啊，和你一模一样"，那我就感觉他还真挺不错的。

如果对方再补充一句"你儿子真聪明，听说儿子的智商是遗传妈妈的"，那我就认定他这个朋友了。

是的，谁夸我娃，谁就是我朋友；谁爱我娃，我就爱谁。

我们中年老母没空洞察万物、体察民情和劈情操，一切简单粗暴的夸娃，都是最保险和立竿见影的示好捷径，我们基本上来者不拒。

中年妇女的优秀主要是娃优秀。

到了这把年纪听别人夸自己优秀都带着点酸意，但听人夸娃优秀，那就重新找回了年轻的感觉，毫无违和感。

不信你去看吧，中年妇女最好的抱团取暖式社交方式——各自黑老公＋彼此夸孩子。

前者让大家摒弃嫌隙，互生怜爱；后者让大家彼此吹捧，心生傲娇。

不知不觉中，中年妇女对娃的期望值更高了。

"我们家这次考试又考了全班第一"绝对要比"我又买了一套限量版精华眼霜"更值得搬上中年妇女下午茶的圆桌。

如果别人提起一个知名的补习机构，而你竟一无所知，你会低落好一阵子，感觉自己是个失败的老母、堕落的女人。

而当别人夸你"哇，你儿子学了好多，你的时间管理真是厉害"，那感觉比夸你"哇，你又接了个大单，你赚钱的本事真是厉害"更能让一个中年妇女感受到自身价值得到了莫大的肯定。

有一次聚会时，刚从法国旅行回来的某"风韵犹存"的中年妇女突然开始讲述老公给自己买了一家酒廊的故事，我正听得津津有味，突然一妇女端着手机尖叫起来："啊哈哈哈！太好啦，我收到短信啦，我儿子被录取啦！"

所有正沉浸在红酒知识里的中年妇女瞬间一拥而上，从刚才的"中年妇女被老公呵护疼爱有加并赠送昂贵酒廊作为生日礼物"故事里一秒出戏，拔腿就跑，投入到了"中年妇女披荆斩棘克服万难培养儿子在千军万马中脱颖而出考上牛 X 的双语名校"的讲座之中……

是的，当有娃能拿来炫耀的时候，没有人要听一个中年妇女秀自己；当有娃可以夸赞的时候，没有人对中年妇女的小确幸感兴趣。

现如今中年妇女刷存在感的方式很多元，传统派的中年妇女忙着秀玄学养生、针灸拔罐，现代派的中年妇女热衷于秀瑜和撸铁、吃草马拉松，居家型的中年妇女整天烘焙和烹饪、插花遛小狗……而所有这些中年妇女如果要找一个共同的能秀的事情，那就是陪读。

只有娃，才是连接亚非拉乃至全球中年妇女的唯一纽带。

把一个娃带好是对人类综合素质能力的终极考验。

自己优秀不是真的优秀，光娃优秀也不是真的优秀，自己和娃双双优秀才是人生赢家。

通常来说，最有效讨好一个中年妇女的方式就是忽略表面现象，直击精神层面。

什么是精神层面？

不是她有多么博学，不是她情商有多高，也不是她身居高位，更不是她把社会主义核心价值观践行到了什么高度……而是那个流淌着她的血液、蕴藏着她的 DNA、继承着她的智商、日夜被她荡涤着灵魂的小孩，是个优秀的孩子。

这是中年妇女的物化转移大法。

即使在中年妇女们那些广为人知的歧视链里，比如职场歧视链、购物歧视链、旅行歧视链，也总是把物化转移作为降低别人对自己年龄增长和外表衰败注意力的最好方式。

而最好的物化转移，就是夸她的娃。

假如一个中年妇女没有娃，就夸她的猫。

十三说

现在跟一个中年妇女聊天，技巧是很简单的，在"你是如何做到这么优秀的"和"你是怎么把孩子培养得这么优秀的"两者之间如果只能选一个，一定选后者。让我们大胆地想象一下，当一个女人逐渐年老色衰、记忆力衰退、体质下降、魅力减弱，你该如何去夸她？浮夸而又苍白的语言，看起来显得太无力了，唯有她的孩子，是一个未被挖掘完的宝藏。只要夸孩子，就是对一个女人最大的肯定。

记住三点：孩子长得好是妈妈基因好，孩子学习好是妈妈辅导得好，孩子所有的缺陷和毛病都是遗传自爸爸。

这是让一个女性感觉自己特别优秀并且这种优秀后继有人、万世流芳的宝典。

2

每天做一个优雅的中年老母

有一次，我办了一场小型读者见面会。当时我花了半个月时间，打造了一个法式沙龙味道的会场，和想象中优雅高级的贵妇派对很接近。

一切都很完美，直到第一批中年妇女粉丝团冲了进来……

这是一批来自包邮区的中年妇女，上海、苏州、南京、合肥、杭州……虽然是包邮区，但是我并不包邮，她们是自费过来参加见面会的，所以我非常感动。我心想，以我们格十三的文艺腔调，首次见面应该是法式拥抱＋红酒碰杯＋彼此互夸＋浓浓的情怀吧……我猜错了。

中年妇女们一冲进来，先进厨房。"来来来，我带了烤鸭、盐水鸭、烧鸭，还有鸭翅、鸭脖，快把盘子和碗拿出来装一下吧！"……Excuse me？鸭子？？？

紧随其后的粉丝团冲进来，把刚摆好的鸭子推一边去了，"来来来，我带了定制款的苏州最棒的手工糕点，哦对了，还有定制的手工网红年糕！我提前两星期预订才拿到的。"……Excuse me？年糕？？？

两位中年妇女开始找锅。"我跟你说啊十三姐，我今天要给你做我最拿手的酸菜鱼，保证你满意！哦对了，你不能吃，那就保证其他人都满意！"……Excuse me？酸菜鱼？？？

没错，她们确实在我的法式文艺沙龙暨粉丝见面会上，做了酸菜鱼……

根本没时间反应，现场已经有点失控，紧接着，更大的刺激来了！

第二拨中年妇女团，捧着好几大盆韭菜馅冲了进来……

"你们等着，我今天给大家包韭菜鸡蛋饺子，还放了虾仁！"于是，继鸭子、年糕、手工点心、酸菜鱼之后，庞大的粉丝团开始包饺子了……

包饺子的中年妇女们惊呼道："哎呀，我忘了带蒜！你们吃饺子要大蒜吗？你们谁到门口菜场去买点吧。"……于是从为数不多的中年老父亲中挑了一个身强力壮有腹肌的："对，就你了，你去买点蒜。"……

你可以没见过凌晨四点的上海，但你一定要见见下午四点的花园洋房里，一个连的花季老母老父们第一次见面，就挤在厨房里热火朝天干活的样子。

与此同时，朋友圈里出现了另一个网络大V正在举办她的北京首次粉丝见面会，人家的粉丝们在明亮的大房子里一起戴项链，试戒指，玩水晶；我的粉丝们在明亮的大厨房里吃鸭子，包饺子，剥大蒜……

于是大家得出结论：中年老母们没有优雅可言。

每次想要伪装"优雅"，总会感觉身体被掏空。

说到优雅，朋友谈起她参加过的一场讲座，内容是"女性应时刻保持优雅"，38 岁"优雅女讲师"对优雅的定义非常 classic。

她说："我很爱自己，尤其注重外表的优雅，一个月连衣裙不带重样的，回到家还要给自己换上一件真丝小睡裙，还是小包臀的那种。"

哈哈，真丝小包裙？天哪，辅导作业的时候一着急跳脚还不当场炸裂了？你看，我们这种浪荡粗俗的中年老母，确实不配优雅。

我也想每天出门一身华丽丽的连衣裙，回家后立刻充满仪式感地在 36 种颜色的小包臀真丝裙里挑一件换上，放一段《图兰朵》第三幕乐章，配一杯意式浓缩，捧一本 32 开的繁体字竖版书，哦对了，还要 neng 个松茸鹅肝＋牛油果蘸盐……

以上优雅仪式完全可以实现，如果我没有娃，甚至连婚都还没结的话。

而丰满的现实是这样的：下班回家进门后连鞋还没脱完就听见一声巨吼："妈妈，快到群里帮我问问今天的作业！"

要知道，在掏出手机找到家长微信群问作业之前，如果你还要非常有仪式感地脱掉毛衣、打底衫、裤子、袜子以及秋裤，把头发盘成大人模样，庄严地换上真丝小睡裙，慵懒而性感地踏上全羊毛雪白地毯并端起骨瓷的欧式茶杯……你可能先会被自己气哭。

嗯，此时此刻，娃的作业悬在头顶，比什么鬼优雅生活态度更要紧。说不定晚上你还要在全棉睡衣套装外面披上 XL 码军大衣去车上寻找娃失踪了的作业本或卷子，倒霉催的老母还有可能披头散发地冲进超市，去买明天必须带的诸如"蓝色"水笔、手工剪刀、瓶瓶罐罐之类的……

作业是我在成为一名优雅的中年名媛道路上的绊脚石、拦路虎、荆棘丛。

曾几何时，我也是一个大方明艳的、涂着当季流行色口红的、穿着手工缝制高跟鞋的、连发丝都飘着奶酪香的优雅熟女，人家连在菜市场买葱都要翘兰花指的。

是什么让我整齐的发型散乱？是什么让我的声音提高八度？是什么让我收起了胸，挺起了肚子，顾不得淑女仪态，双手叉腰，挥斥方遒？

能让一个精致优雅的中年美少女瞬间崩坏成喷火霸王花，这究竟是人性的扭曲，还是道德的沦丧？有不可告人的隐情，或是令人唏嘘的苦衷？

优雅的时候我还不是妇女，那时候天很蓝，水很清，喝可乐不用躲着娃。

现如今，只有出差才是我好意思装优雅的唯一机会。如果说还有什么地方必须保持优雅，就是开家长会的时候。

"优雅"二字从娃出生后就与中年老母渐行渐远了。

试想老母亲穿着一身精致不失格调的优雅小套裙和高跟鞋遛娃，一不小心娃跌坐进花坛中，老母亲用早已练就的一身百米冲刺神功和奥运举重夺冠臂力第一时间将娃捞起，把娃放在腿上开始擦灰抹泥的那一刻就知道了，"优雅"都是用来骗自己的……

以前那些个如雅典娜般精致的少女少妇，自从背上了妈咪包，抱起了孩子，随时准备换尿布，就不再讲究穿搭技巧，舒服耐磨就好。好不容易穿上新衣服做个新发型，只要是带娃出门，往往一秒被抓乱，衣服上全是褶子，更别说干粗活累活，修下水管道和拆油烟机，还指望什么优雅啊……

有娃前，我可以长发飘飘，时不时吹个大波浪，穿着镶金边的小香风套裙，有五十多双不同种类的高跟鞋，分休闲的、正装的、夏天的、冬天的、清新的、浓艳的、见客户穿的和约会专用的⋯⋯

现如今，秃了一半的我准备买点长发飘飘或大波浪的假发套，体重飙升到叹为观止的我裤子只买阔腿的，但秋裤一定要高弹力的，鞋子只有两种：球鞋和拖鞋。

有娃前，夫妻俩早上还能优雅地烤面包片涂黄油；有娃后，只忙着给娃准备丰盛大餐，喂完娃还得喂猫。至于我，能有时间把娃吃剩下的吐司拿起来乱嚼已经算好的。

现如今开车送娃上学路上就盼着遇上红灯，好让我把还没凉透的大饼优雅地啃完。

以前逛大卖场都是很优雅地挑挑拣拣，货比三家，买个牛奶还看脱脂不脱脂，买点零食还看卡路里。

现在和一群老阿姨挤在货柜前听她们分析性价比，然后直接扔进购物车推着就走，以防止娃在超市逗留时间过长闹情绪。

以前还优雅地服侍过许多花花草草，家里很多文竹吊兰，没事还剪剪枝条，动不动搞束玫瑰百合插进花瓶。

现在只有仙人球还活着，以防娃突然说"植物角要带一盆植物"的时候措手不及。

以前总是精致细腻，铂金的小手链，水晶的小挂坠，处处闪耀着女性的光芒。

现在，全身就一根红绳挂手腕上，这是辟邪用的，要是碰上父母生病、孩子考试、老公出差、公司裁员什么的，红绳上再挂个金坠子……一副乡村名媛心诚则灵即视感，优雅什么的不存在的。

在家里，别说优雅了，能保持情绪稳定就不错了。

保持情绪稳定也不是很难，只要做到别给我提娃的作业、地板上的灰、厕所里的水、厨房里没洗的碗、阳台上没晾的衣服、体重秤上的数字、体检报告上的建议，以及水电气账单和补习班应付账款……

我们现在最多的优雅，可能只是关起门来的隐性优雅：静下心来看看过去没时间看的书，尝试学做几个好吃的菜，重拾过去的一些爱好，或是等娃睡着后给自己敷个面膜，对着镜子里那张鬼一样的脸，优雅地给自己打个响指——

加油，你是最胖的！

阻碍中年老母优雅的还有"想得太多"。

几乎每个夜里都容易辗转反侧，想的不是明天吃什么，买什么新衣服，拔草哪种化妆品，而是为什么？！为什么？！别人家的娃文武双全通晓古今，我娃连留什么作业都记不全？别人家的老公主动买炸鸡、奶茶、垃圾食品给老婆吃，而我老公顿顿嫌我吃得多？

无数个失眠的夜里，我深深地思考这个问题，想到头发又掉了好几根都无法想得通。推一推身边鼾声如雷的好兄弟，想和他一起探究这个深奥的课题，他只是翻了个身，对我嘟囔一句："早点睡，小心猝死……"

我恍然大悟：在生死大命题之下，有什么优雅是不能先放一放的呢？

十三说

优雅，第一次认真思考这个词，是在到幼儿园参加儿子的第一次家长会之后。当时发现大多数妈妈都精心打扮过，估计是拿出了几年来最隆重的姿态来和孩子同学的妈妈们争奇斗艳，那感觉简直和当年上学时和校花比美一样，而且更不能输！

我发现，优雅的妈妈们，总是让自己怎么不舒服怎么来，高跟鞋，小皮包，烫过吹过的发型，缎面的裙子，真丝的上衣……对我来说，平跟鞋方便追着娃跑，大帆布袋子放得下儿子要用的所有东西，纯棉大 T 恤和牛仔裤最有利于我随时随地扛起孩子狂奔的节奏。

然而，我真的开始意识到：对一个妈妈来说、优雅到底是什么？

　　从外表上的精心调配，到内心的 love & peace，或许就是中年妇女优雅的转折方式。现在对我来说，面对孩子满是大义的作业本、凌乱的考试分数、临睡前想起来的忘了做的作业、孩子偷偷拿起 iPad 自己下载的游戏……同时孩子他爹还在一旁帮倒忙并拖后腿的时候，我还能瞬间深呼吸，保持不爆炸，让自己如同一个没有感情的冷血杀手一般不问人间事……那才叫真的优雅。

3

你们是我带过的最差的一届家长

常常看到有一些妈妈表现出消极情绪，怨这怨那，"你看看这变态题目是小学生该做的吗""学这么难的东西连我都不会做""跟孩子一比我都快成文盲了"……

我劝这些妈妈不要自暴自弃，你才三十出头，怎么就认为自己进入人生低谷了呢？其实你还有很大的下降空间。

很多人以为自己知识储备的最高峰停留在了高三，从那之后就开始走下坡路，本以为能这样潇洒地混到终老，谁知世事难预料，大部分人当了家长之后就会发现，这和我想象的不大一样，怎么好像我又得重新来一遍九年义务教育，还要再为高考冲刺一回？

最神奇的是，大部分人嘴上咒骂着，心里却笑嘻嘻，乐此不疲地送孩子到各种补习班陪学陪练，还心甘情愿地陪挨骂。

嗯，这届妈妈都是神经病，都不要面子的。

众所周知，我家孩子爹是个爱做算术题的理工男，他痴迷到什么程度呢？我喊他拖地板他无动于衷，叫他洗洗碗他充耳不闻，我只要低声嘀咕一句"这道题怎么做啊"，他幻影移动大法般地用 0.01 秒就出现在了我身边。

你说这样一个爱学习的中年人，是不是很令人感动呢？

然而，就是这么热衷于做题的一位家长，每个周末带儿子去上数学课的时候，都紧张到不能自理，怕自己发挥不好，丢了儿子的脸。

这个课在一个大阶梯教室，老师说有兴趣的家长也可以旁听，但老师万万没想到，到目前为止，听课的家长数量比孩子还多。有的先是妈妈来陪，过了两节课，把爸爸也拖来了。不行，一个人听不懂，两人都来学，回去好商量。

这老师讲课如同开机关枪，噼里啪啦一顿套路讲完，出一道例题，让大家试着做做。有的家长基础差，从小没赢在起跑线上的弊病全暴露出来了，一个劲儿地问老师："老师老师，不好意思，你刚才讲的我没听明白，你看是这么做吗？"

第二次又是："老师老师，你再给我说说呗，这个啥意思？"

第三次家长还没开口，老师先开口了："你下次上课前可以先预习一下，如果还有听不懂的，回去问问你家孩子吧，你家孩子应该都听懂了。"

在座的各位集团大佬、上市公司董秘、各行业精英以及自主创业的社会栋梁 boss 们，出奇一致地点头哈腰，抱着老师大腿俯首称臣，痛并快乐着……

等老师讲解完，就是我家爸爸这类理工男出场嘚瑟的时间了："老师老师，我用这种方法好像更简单哎"……

老师心想："神经病啊，我不知道还有另一种方法啊！"

机智的老师话锋一转马上补充："当然，还有一种方法。"哔哩吧啦……

由于每次总是出现这么几位低情商的爸爸，老师现在已经被逼上梁山，他改变了策略："同学们，这道题目很难，你们不用在这里做了，带回家去好好思考。下课！"

逃避虽不是好办法，但却是无声的痛诉：

你们这届家长不行啊，要么是傻不拉几的一题都不会做，要么就是太喜欢逞能，你们真是我带过的最差的一届家长了。

家长有什么办法，家长也很无奈啊，还不是被自己给逼的，为了发挥余热，做一名合格的家长，不给老师添堵，不跟着娃一同被训，我们也是拼了这条老命的啊。

我表哥，我们村数一数二的大才子，从小到大的数学尖子，靠理科就能红尘作伴潇潇洒洒，现在奔四了，却开始沉迷于小学语文。

晚上 11 点多他给我发来一篇阅读理解，让我帮着看看。

我突然明白了，到底是什么从根源上彻底断绝了中年人生二孩的念头。大家晚上没空造人，还不都是为了做小学生阅读理解？

我跟他说："阅读理解这东西，哪有什么标准答案，差不多就行了啊。"

他不服气地发来这个：

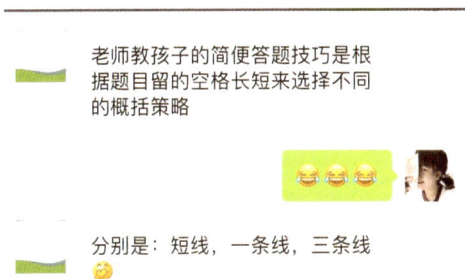

老师教孩子的简便答题技巧是根据题目留的空格长短来选择不同的概括策略

😂😂😂

分别是：短线，一条线，三条线
🤭

"表哥，你确定这是老师跟你说的？"

"当然啊，老师跟我说的时候内心充斥着不满，因为她最后补充了一句：我都说了很多次了，问你儿子吧，他知道的。"

哦？现在连语文也有套路？吓得我赶紧爬起来翻了翻儿子的练习册，惊奇地发现还真是这么回事。

前所未有的紧迫感涌上心头。妈呀，我还以为自己语文有多牛呢，现在连个小学阅读理解基本套路都没掌握，我得起来学习。

大家都老大不小了，半夜三更再不恶补一下小学语文知识，以后还不知道要丢孩子多少脸呢。

现在，在表哥和我的带动下，整个家族都掀起了一股做阅读理解的热浪，一家子大文豪败给了小学语文。

现在孩子学点东西，家长劳"命"伤财的不说，精神高度紧张＋亢奋＋狂躁，反复无常，再加上周围众多鸡血爹妈的刺激，以及老师们的各种"提醒"……

如果一个家长还能时时处处保持像个正常人一样，那就是不正常了。

我一朋友，小孩本月刚入学，作为一名一年级新生的家长，她表现出了该有的理性，那天发了这么个朋友圈：

架里翻出之前囤了很久一直没看的这本，需要"平稳度过一年级"的哪里是孩子，分明是每天都要经历一轮情绪崩溃的老母亲啊😫

现在平稳度过一年级已经成为一套理论并且著书了？我想起了我的一年级，好像我妈把我往学校一扔，就跟着单位去爬泰山了。过了三四天才回来，回来后就问了一句："你们班主任姓什么？"

我悲惨的童年啊，现在想想有点太吃亏了，从来都没让爹妈半夜恶补过语数外，我小小年纪仿佛就用自己单薄的肩膀扛起了整个宇宙啊……而我们的父母呢，一点都不着急，也不紧张，更不分担，自己该干嘛干嘛，内心强大到爆表。

现在一年级家长就脆弱得不行，还没上学就开始焦虑。

我朋友说她上个月连续请了好几个"过来人"喝咖啡，目的就一个："老师来家访时应该聊些什么啊？"

我说同志，你想得太多了，老师可能根本不想跟你聊，人家还得赶到下一家呢。

她不同意我的观点，她说："我认为，越是简短的沟通，越能体现一个人的素养啊，我应该说什么，怎么说，才能体现我是有内涵、有素质、有文化、有格局，同时还注重孩子全方位培养，并希望老师多挖掘孩子闪光点的这么一个老母呢？"

同志，你又想多了，就算你是个大傻子，你家孩子也已经被录取了。

可想而知，一逮着机会就想在老师面前"炫自己"的家长不计其数啊，秀学历的，秀权势的，炫富的，炫关系的……老师脸上笑嘻嘻："呵呵呵，好好好，但是只要你娃不行，在我眼里你们一律都是搬砖的。"

俗话说，没吃过猪肉还没见过猪跑吗，那么多小孩和家长都安全度过一年级了，最多就是精神失常更严重了点，但绝不危及生命啊。就你们这样的心理素质，在阅人无数的老师面前简直是丢人现眼了。

这届家长，基本是逃不过三大战役：（1）刚上学的"情感保卫战"；（2）学习中的"学术对抗战"；（3）毕业前的"催命伏击战"。

一年级的家长基本都是"情感保卫"，特别感性，想要老师"对娃好"，不管在家长群还是私下里都恨不得把老师捧上天，以换取老师的情感付出，总觉得自己的孩子还是个孩子，需要照顾。

这种时候老师肯定会说"家长是孩子最好的老师"（你家熊孩子这么差的学习习惯到底是谁给惯出来的？）以及"大家要把孩子当作大人来平等对待"（都这么大孩子了还要我天天哄着逗乐？）

你看，这不就是拖了这届家长的后腿吗？老师认为你们这届家长最差也是没错的。

上学一段时间，就开始变成"学术对抗"了。

前不久还一口一个"还是孩子"，等到盯孩子做功课的时候马上变成"你都多大了还要人盯"。

孩子做不出题目的时候就"你怎么连这么简单的都不会"，

碰到自己都不会做的题时"这都是什么变态题目啊"……

双标的父母啊，也是人格分裂的基本表象。

这种时候老师会说"请家长督促孩子完成"（你家孩子不自觉你自己心里没数吗？）以及"请明天有空来一次学校"（你家熊孩子整天惹事你都不知道主动来一次吗，还要我喊？）

所以，老师又觉得这届家长都把精力用在了没用的事情上，该自觉的时候一点都不自觉。

等娃到了高年级，迎接毕业的家长达到了人生分裂的峰值，其他事已经干不了了，只能开始"催命+伏击"。

这种时候老师会说"给孩子营造轻松一点的环境"（你把孩子逼傻了我还怎么教？）以及"放手去搏"（你不放手孩子怎么搏？）

老师到此时才发现，这届家长和上届家长最大的区别体现出来了：上届家长没文化有没文化的好，低调自觉懂退让；这届家长有文化也不是什么好事，又想管其实又管不了，最后还帮了倒忙，关键是心理素质差，一谈到孩子学习啊、择校啊、考试啊就慌乱得不行。

不过这届家长也是有自知之明的，差就差吧，反正也没别的办法。谁还不想像老一辈那样每天枯藤老树昏鸦，一壶清茶一把蒲扇过一晚上啊，现在是每天一部手机一套作业，除了肺活量见长其他都衰退了。

不过大家也不用太过悲观，做家长这件事是个技术活，既然我们还有很大的下降空间，那下一届估计也好不到哪儿去，只有更差，没有最差。

十三说

这届家长其实挺早熟的，一般情况下，他们会通过各种渠道（网络、朋友、专家讲座等）先把自己吓唬一遍，做好心理铺垫——比如每年我都能发现身边有孩子即将进入小学的妈妈们开始提前做功课。

她们先是查"一年级要学什么"，好提前安排学起来；然后学习"如何与小学生相处"以便调整自己的情绪，避免狂躁；接着她们还要听前辈们的谆谆教诲，吸取经验教训，获取捷径。

通常这样的妈妈，会比那些没有提前做准备的、稀里糊涂的家长更焦虑，更抓狂，更无所适从。她们往往会在孩子开学后，原本胸有成竹的内心突然掀起巨浪：这和他们说的怎么不一样啊！

哈哈，这届家长不好带，不是他们笨、他们懒、他们没方法，而是恰恰相反——他们太勤快、太早熟、方法太多了！

4

为娘的世界里没有字面意思

当妈之后，每年总有那么几个月是非正常情绪时间，寒假和暑假。

尤其是每年漫长的暑假，是考验女人心理健康状况的重要时期。能正常而健康地撑到开学前的妈妈，都不是凡人。开学前，总有一些妈妈，正处在人生低谷——此刻正适合放空自己，叼一根寿百年，来一杯威士忌，遥望灯火阑珊，思考人生的意义，想想作业做完了吗？

真是一场肉与灵的较量啊。

最近每天一睁开眼，尚在迷离状态的我就想三件事：我是谁？我在哪儿？开学了吗？一想到还没开学，心乱如麻。

每次娃放暑假，都是对为娘的考验，长达 2 个月、60 天、

1440 小时、86400 分钟的人生片段，大概是我一年中承受最多灵魂拷问的阶段。每个暑假，我总是过得恍恍惚惚恍恍恍惚惚恍恍惚惚。

因为我们这些老母，思维发达，心思缜密，和爸爸是很不一样的。我们都明白，暑假绝不是字面意思。

对爸爸来说：暑假＝暑假；

对为娘来说：暑假＝报暑假班＋报夏令营＋安排旅行＋必须安排人照看娃＋盯着暑假作业＋盯着玩手机和 iPad 的时间＋盯着看电视的内容＋冥思苦想一日三餐＋扮演陪读人员＋扮演运动教练＋扮演救生员＋扮演勤奋好学的家长给娃做表率＋陪吃喝玩乐促进感情＋保持适当距离防互相厌倦……

首先，由于长期带娃四处游荡吃喝玩乐，我已经胖了 6 斤，接下来还要经历我们俩双重"收骨头"阶段。想想减肥与等开学并驾齐驱，真是毫无悬念地磨人。

最重要的是，各种欢乐无比的事情，可能都会因为"作业"这把悬在头上的刀，而不能获得真正的欢乐。

作业就真那么重要吗？

被（你们关注的）十三姐夫讲起来："作业有什么啦，不做就不做了，放假就是玩，开学再开始用功啊。"

噻，大兄弟，要不你开学后跟老师讲这些道理去吧，老师不但不批评你，还上奏校长："我们这有一位特立独行、思想意识前卫、忠于自我、不随大流，快乐成长的好苗子家长，要不要表彰他？"

你以为你是魏璎珞啊，主角光环这么重。

作业还是要做的，我来给你讲这个道理。

对我们老母亲来说，"作业"绝不只是字面意思。作业这件事代表着一个分水岭，是家庭教育的直观体现：

不做作业＝缺乏自律＋不识大局＋态度不端＋爸爸不负责任；

作业按时完成＝为娘教育得好。

有什么办法？我也很无奈啊。母亲的伟大正是在于能理解字面意思背后的人生哲理。

对爸爸来说：开学＝开学；

对为娘来说：开学＝检查作业＋联络老师＋家长沟通＋打听行情＋反复给娃洗脑＋不断提醒自己离升学择校又近了一步＋踌躇过往展望未来感叹岁月蹉跎……

如果说一年中有一个月是老母亲们的焦虑敏感集中爆发期，那一定就是八月。

对爸爸来说：八月＝八月；

对为娘来说：八月＝反思荒淫无度的七月＋手忙脚乱地迎接九月＋着急补作业＋推掉无数约会＋天天掰着手指头算日子＋唠

唠叨叨……

一部分人，八月的朋友圈里依然挥霍着夏末的余温，打扮自己，吃冰激凌，游山玩水，无忧无虑。而老母亲们的朋友圈将逐渐弥漫一些阴郁的气息。

预计在接下来的一段日子，将出现赶作业大潮，一大批小学生或将作业本落在了飞机上，不料空姐学雷锋给寄了回来……

时间啊，对母亲来说是不够用的。

对爸爸来说：半个月＝半个月；

对为娘来说：半个月＝去掉双休日只剩十天＋再懈怠两三天就剩一周了＋原本两个月的暑假现在浓缩到一周来亡羊补牢＋刺激不刺激？

放暑假前，我做了一百多种精密的构思。

有句话说得好，牛娃不可怕，就怕牛娃放暑假。人家牛娃暑假都是干什么的？我做了一系列调查，发现他们都出去旅游了。这可把我乐坏了。牛娃都不学习，我们也不用那么紧张兮兮的，等等再说吧。

对爸爸来说：等等再说＝等等再说；

对为娘来说：等等再说＝

7月第一周——才刚放假，先放松放松再想想要不要报个什么班。

7月第二周——大热的天，就在家歇歇再想想要不要报个什么班。

7月第三周——想想要不要报个什么班。

7月第四周——想想要不要报个什么班。

8月第一周——玩了这么久是时候报个班了。

8月第二周——现在真的是时候报个班了。

8月第三周——都快开学了也别报什么班了。

8月第四周——还报什么班啊，浪费钱。

然而可气的是，一开学，你会发现那些你以为出去旅行了两个月的牛娃，其实已经上了40多天的提高班……

原来，别人妈口中的"旅行"也不都是字面意思啊。

对爸爸来说：旅行＝旅行；

对我来说：旅行＝准备新衣服＋准备新口红＋做攻略＋找酒店＋收拾哆啦A梦的口袋……

对别的妈来说：旅行＝出去玩了四五天＋回来猛学一个半月……

而我最初的理想，是娃在暑假里不分昼夜地学习，马不停蹄，突飞猛进，一飞冲天，一下子把所有人甩开七条马路，突然变成无法超越的超级学霸啊！

现实真的太骨感了。

这不能怪我，暑假真不是一个教育孩子的好时机。尤其是碰上我这种集感性、理性、分裂性于一体的妈。

因为暑假里太容易思考人生，这一思考可就坏了大事，没了原则。

某天吼完娃：你怎么就这么不自觉，就知道玩游戏看闲书，blablabla……他一声不吭地坐下，开始做作业。楼下小朋友不识时务地莺歌燕舞，捉知了，捞蝌蚪。我当时看着这位埋头苦学的少年，桌上铺得满满当当的算数题、作文本、字帖、英语书……我就开始思考了。

对别人来说：野玩＝野玩；

对为娘来说：野玩＝冲破牢笼＋放飞自我＋享受童年＋真正体会生活＋身心健康＋不会成为书呆子＋省钱。

老母的情感世界是玻璃的。人生啊，童年啊，是多么短暂啊。在他小时候，我对他的愿望是无忧无虑，快乐健康，以他自己喜欢的方式长大，当时以为这是多么简单的诉求，现在才懂原来那是最难实现的愿望。如今这大好光阴，别人的孩子都在玩耍，自己的娃却伏在书桌上，绑于案头！算了！等会儿再做，还是去玩玩吧。

就因为这样一次又一次不伦不类的冥想，学习的暑假变成了野玩的暑假＋混日子的暑假＋也不知道到底干了点啥事的暑假。

我回顾了一下暑假的荒废史，总结出一个定律：妇女懒，则娃懒。

懒是一个特殊的存在，是老母亲世界里唯一的希望之光。

对爸爸来说：懒＝不劳动＋不出门＋不运动＋不带娃＋懈怠于妆容＋纵容于形态＋不理正事＋得过且过。

对为娘来说：懒＝懒。

十三说

我们小时候，每年最喜欢的时间就是暑假，当时我们小，不懂事，现在才终于体会到当年我们的爹妈是咬牙切齿了多少年啊！

现在自己当妈了，终于觉得暑假这件事太折磨家长了。尤其是当孩子的暑假安排全都落在妈妈身上时，总是希望国家能取消寒暑假，还父母一片自由的天空。

然而，现实是改变不了的，能改变的只有我们自己。后来我又想了想，暑假固然漫长难熬，却也给了我们一个调整状态和放松休息的机会。可惜很多妈妈没抓住这个机会，暑假里仍然给孩子安排了密密麻麻的学习任务，自己也是神经紧绷，没有放松的时刻。而我，每年暑假都安排旅行和吃喝玩乐。要知道，跟孩子出去晒黑、野游、吃垃圾食品的过程中，孩子会放松警惕，跟我们聊很多在上学期间不会说的心事，这是一个很好的了解他们内心的过程，能发现在孩子成长过程里你很难主动发现的小秘密。

所以，我一直主张暑假还是应该把紧绷的弦松一下，这是一个调节亲子关系、促进和谐的大好机会，好好培养一下感情，毕竟一开学，亲子关系又会紧张起来。

5

职场妈妈是育儿界的一股泥石流

有一次，我去广州出差，和一个当地的朋友吃饭，她高兴地告诉我："我终于给我儿子在幼儿园报上名了。"

我说："幼儿园报名有什么难的？"

她说："当然难了，去年就该报了，我忘了。今年差点又忘了，好悬啊！"

听得我也捏了把汗。孩子报名这么大的事，你能忘得干干净净？

不过其实也可以理解，职场妈妈，每天千头万绪，无数个迫在眉睫压在头顶，给孩子报名上幼儿园这种没什么生命危险的事，确实有可能忘。

于是一个幼儿园适龄儿童只好继续在托班赖着不走，不免令人唏嘘，托班老师每天徒增担忧："你妈今天不会忘了接你吧？"

你会想："这么大条没脑子的妈，连给孩子报名这点小事都弄不利索，就算在职场上也不会有什么大出息吧？"

唉，那你可猜错了，她在一家公司当 VP……

这件事验证了一个道理：

所有妈妈都有可能成为优秀的职场女性，但职场女性中有一半能成为事无巨细的优秀妈妈已经很不容易了！

我当时就说："我要为你写诗，名字都想好了，就叫《不要对职场女性带娃期望太高，她们还记得自己有个娃已经很好了》。"

这话说了没几天，她又告诉我："被老师点名了好几天，依然忘了交学费。总算在截止日前的最后一天，被 N 个人提醒，办完了这件大事。"

唉，弄娃那点事，真的比搞个估值几亿的企业难太多了！

这个我也有过体会，尤其是当我面临十几个四十尺高柜在目的港被查出问题，要我立刻补交资料否则面临几千万元罚款的时刻，老师突然通知"请每位家长准备一盆小型植物，明天让孩子带来"……

我第一反应就是：去你的小植物吧，劳资这边眼瞅着就快把贸易逆差 neng 成顺差了，眼瞅着就要破坏两国友好关系了，眼瞅着就快面临儿百人下岗失业的风险了，你这个节骨眼跟我提什么小植物！

于是接下来披荆斩棘乘风破浪逐一攻破，最后总算力挽狂澜保住一条小命顺利解决了问题，半夜 11 点回到家瘫倒在床上，第二天一睁眼继续担忧今天会不会又出什么幺蛾子……

非常顺理成章地，其他小朋友第二天都带了一盆仙人掌去，只有我儿子，拉着一张仙人掌一样的臭脸，成了班里拖后腿的人。

我总不能跟老师解释："对不起老师，为了国际局势人类和平物价稳定和诚信友善，我们的小植物不带也没什么大不了的吧？"

但对儿子来说："你不给我准备小植物，啊啊啊啊啊，神经病啊，我不要面子的啊！"

这种时候我确实有点小失落，和儿子一样。

我怎么竟然把带小植物这么大的事给忘了？就像那位忘了报名和交费的妈一样，小失落总是难免的。不过这次忘了没关系，反正我们下次还会忘的……

我只好劝那位朋友："不能对职场女性要求太高，我们每天都间歇性失忆。"

如果一定要选择忘记一件事的话，我们一定是忘了给孩子交学费，而不会忘了几点开会。

中年老母是职场里的一股清流，而职场妇女则是育儿界的一股泥石流。

为了工作，前一秒钟刚下定决心一定要全身心地陪伴孩子点点滴滴成长，绝不能错过他的任何一点变化；后一秒可能只是因为老板一个电话，人生便发生了转折——小孩嘛，就应该让他自己摸爬滚打长大，爹妈反正早晚要放手的……

有什么办法，老板五分钟内就要看到的报告，明天一大早就要上传的PPT，新来的实习生掉链子需要擦屁股，不靠谱甲方找的麻烦得立刻摆平……

为了把职场女性的存在感刷得漂漂亮亮，少给娃读一个绘本怎么了？没空盯着娃刷牙怎么了？给娃买错了衣服的尺码怎么了？忘了娃的教室在哪儿怎么了？填表的时候想不起娃的大名怎么了？……

这不都是好多爸爸经常干的事儿嘛。区别只是在于：

爸爸们忘了都很正常——男人忙事业嘛。

妈妈们忘了就不太正常了——你怎么当妈的？？

当你明白了这一点，就可以理解为什么好多男人在有了孩子之后事业突飞猛进，努力拼搏，更有斗志，因为他们要努力赚钱养家，多待在公司才有理由不用带娃。

就这个话题我还特意找了个中年老父代言人聊了一下。

你看，爸爸认同带孩子比工作更累，但我们女人就可以嚣张地说："我带孩子和工作能两手抓！"（尽管有时抓得粉碎……）

所以当有些男人说着"我们工作养家太不容易"的时候，在女人看来就好像是在说"我还要努力用肺呼吸，真的太难了"一样。

职场妈妈谁不是用肺呼吸的？哪个用腮？

然而作为育儿界的泥石流，职场妈妈在"工作和带娃不能两全"这件事上确实做出了表率。

娃喊她吃饭，她无动于衷；娃叫她喝水，她充耳不闻；娃叫她出去玩，她百般推辞……

她爱工作，也爱加班，更爱出差，因为那样就可以名正言顺不带孩子，体现价值成就理想。

娃作业不会做，"问你爸去"；娃说肚子疼，"找你爸去"；娃想买本书，"让你爸买"……

当你发现某个妈妈出现这样心不在焉的症状，不要以为她抑郁了，她可能只是心里在盘算"完了完了，今天的计划书少了一段华彩收尾，领导肯定不满意……"

为了工作，很多职场妈妈时不时当个"后妈"，还觉得自己挺伟大。

有一次我问儿子："你最喜欢什么类型的玩具？"

儿子说："乐高。"

"喜欢什么样的乐高？"

"带齿轮的，带电的，会发光的……"

我详细地问了十分钟，抱着儿子的脑袋亲了一下："好嘞！知道啦！"然后，第二天我就直接冲到店里，按照儿子说的，买了一套那个系列最贵的乐高！

送给了客户家的娃。

是的，一个职场妈妈要放你鸽子的时候，从来不会跟你提前打招呼……

有一次，我表妹家的娃跟人打架，表妹气呼呼地问："谁欺负你了？看我不 nengsi 那个小兔崽子！"

"轩轩。"

"谁？你说谁？就是他爸爸是汽车公司总监的那个？"

一转身给轩轩爸爸发了个微信："王总，我家小兔崽子我已经揍过了，请您见谅……顺便聊一下上次我提过的……我们公司的配件……要不我给您发点资料？"

"职场妈妈"这个词像个笑话。本来倒是没什么可笑的，问题就出在从来没有"职场爸爸"这个词，于是就显得职场妈妈们特别滑稽，两头顾，两头顾不过来。

尽管如此，大多数职场妈妈还是力所能及地、亲力亲为地包揽了大部分养育孩子的职责，毕竟这是母性天性所致吧。当越来越多的独立女性在职场上乘风破浪，在职场和家庭之间，在清流与泥石流之间无缝衔接、切换自如的时候，选择职场还是选择全职带娃——这根本不存在直接矛盾。

泥石流归根到底，也比云好。

昨天又有个读者跟我说："我老公让我辞职，他说，如果不辞职，就再生一个（逼我辞职）。"她问我怎么看。

我告诉她："《民事诉讼法》第64条第一款的规定——谁主张，谁举证。"

所以你就跟你老公说："如果生孩子必须放弃职场，那么——谁要生，谁辞职。"

十三说

职场妈妈是一个超现实主义的存在。虽然这个群体人数很多，多到不令人不关注，但如果仔细想一想，深入分析之后，就会由衷地对她们发出感慨：哇！厉害！

她们所做的事情，只比男人多，不比男人少，即使这样，依然充满韧性与弹力，可张可弛，能进能退，看起来轻松，骨子里却都经历过阵痛和磨合。

有人说："全职妈妈很辛苦，那是因为她们全身心扑在孩子和家庭上，事情又多又碎，确实辛苦。"而职场妈妈呢，要做职场的工作，也要做全职妈妈们需要做的大部分工作，可能唯一令她们感到充实和快乐的是发工资的时候，看着工资单上的数字，一想到"娃的补习班是我赞助的"就开心多了。

6

养娃治愈了我全部人格缺陷

周末和表妹吃饭时，她问我浦东哪个学校好。

不错不错，妹妹成熟了，记得不久前她见我时还在不停地向我安利些有的没的，什么韩国的欧巴，镶钻的发卡，庞各庄的西瓜。

现在难得吃顿饭，聊得全是教育！整个人的气质都不一样了……

她女儿出生于 2018 年 12 月，现在还不会爬。但我这小外甥女非常幸运，人生才过了 5 个月，她妈就已经把宏伟蓝图给她制订到 16 岁了。

九年制义务教育厉害，厉害不过这届家长的勤劳和智慧。

吃完饭后回到家没多久，她给我发微信：

姐，你今天说的那两个学校叫啥？

就你说的那个厉害的小学和中学！

很厉害的███████

光有学区房不行是么？

█████████学区房

好，我分别查查

我喜欢你这说干就干的范儿！哈哈哈

昨天 下午8:22

户口落学区房里满5年才能上学，说干就干往往是被逼的。😣

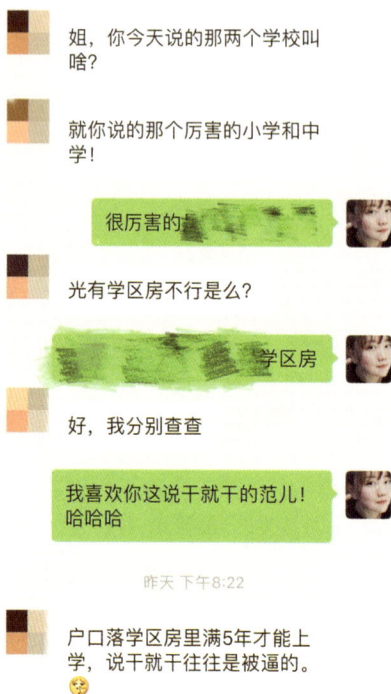

拖延症一下子就治好了！

以前这家伙找工作递简历都能拖到人家招聘结束，还浑然不觉。

当了妈之后这才几个月工夫，整个人都成了运动型，活跃得根本停不下来。

养娃可以治疗拖延症，这是真的。要不然你去统计一下就知道了，买《小升初辅导大全》的，全是三年级家长。啥事都不拖延，还总快人一步。

我当年刚有娃的时候，也有不少人夸我变了——过去我吃东西挑三拣四，很不好伺候；现在呢，只要是能吃的东西，都毫不犹豫就直接往嘴里塞。

他们说我变豁达了。

呵呵，豁达，你们要是当了妈，每天都把孩子舔了半口又吐出来的米粉往自己嘴里塞，还经常一手托着孩子沉甸甸的尿不湿一手捏着凉透了的包子，你们也会对所有食物都变豁达的。

当选择餐厅时，我们只有一种判断标准——这个东西我娃能吃不？

他能吃——他先吃。他不能吃——我也不吃了。

哦，对了，如果这个餐厅有儿童乐园，那么不管多难吃，我都吃。

感谢我娃，彻底改掉了我的公主病，挑食的毛病再也没有了，什么都吃。

从前我还健忘。具体有多健忘呢？我不记得了。

有孩子之后我是世界超级计算机CPU。

几号打预防针？打哪种预防针？今天涂了几次湿疹药膏了？还差几次？上一次大便是几点几分？离下一次辅食还有多久？从

0 岁到 6 岁每个月的标准身高体重表，深深印在脑海里，怎么忘也忘不了……

娃再大点，每个兴趣班的时间地点，最牛的妈妈每周 8—10 次不同的兴趣班辅导班，地点遍布沪上五大区，从早教机构到一对一辅导，路程时间安排得错落有致又井井有条。

如果你问她："你这礼拜忙不忙？"

她会脱口而出："有点忙，今天下午 4 点半带娃去学拼音；明天娃有自然拼读课；后天下午先是戏剧班然后还要去钢琴老师家；大后天倒是只有一节 5 点的课，不过路程远；周末上午编程下午舞蹈，哦，对了！中间有 1.5 小时空闲，约吗？"……

如果你问她："你口红放哪了？"

"哎呀，我口红呢？在哪呢？让我想想……我有口红？……"

没有娃的话，一个中年妇女随时随地都是阿尔兹海默病潜伏；有娃，一切毛病都被治愈了，记性好到离谱！

我怕蟑螂，不能忍受脏乱差，害怕冒险，不敢做任何极限挑战。

那是生娃前。

现在我带娃潜入丛林踏进沼泽，徒手抚摸癞蛤蟆还能给知了疗伤，至于除四害这种小儿科，都不好意思跟人提。

与此同时，我还能在从地毯底下摸出饼干碎屑的时候保持淡定，微微一笑很倾城呢。

以前连坐摩天轮转得快一点都要心跳加速的我，现在胆子不属于我了。跳楼机，娃要上，我带他上！激流勇进，娃要玩，我带他玩！过山车，娃要体验，我带他体验！

养娃还治好了我的精神洁癖。

以前我看到别的小孩嗷嗷乱叫，唯一的想法就是找个封箱带把他的嘴堵上。远离小孩，小孩太可怕了，我绝不生小孩。

有娃之后，我和小孩一起嗷嗷乱叫。

所以小孩带给一个女人的改变，比一百多个渣男加起来的功力还深厚，分分钟就把凶狠恶毒残忍变态的女魔头改造成温柔体贴宽容仁慈的小天使，不留活口。

至于面子什么的，对了，养娃还能治疗"死要面子"这种不治之症。

只有在一种情况下我才胆小，确切地说是认怂。正所谓"英雄有娃也气短，女人当妈就服软"啊！

心灵鸡汤天天在教育我们：

"你是什么样，你的孩子就是什么样。"

"妈妈爱发脾气，孩子一生都有阴影。"

"如何做一个会控制情绪的母亲。"

……

真是吓死我了。

当妈的都这样，为了娃，我们能胆肥地毫不犹豫上刀山下火海翻云覆雨指点江山。为了娃，我们更能胆小怕事缩头乌龟没脾气也没骨气，不得不收敛锋芒，卑躬屈膝，跪地抱大腿的事时有发生，任劳任怨啥都能干。

没小孩时，我们夫妻俩交流都是用"黑话"——我一个瞪眼皱眉，老公就基本知道情况不妙了；他一个板脸沉思，我就明白有大事了。

有了娃之后，只要发现我准备发怒，他干脆先下手为强：

"注意你的语气语调，注意你的态度情绪，能不能有点当妈的样子，你给孩子树立的是什么榜样！"

强压怒火也是一种人生磨砺，更是一种修行，我改掉了任性矫情偏执火爆等一系列妇女常见人格缺陷。

时间一长，我竟然懂得自己教育自己，突然变得温顺了。

每次当我想拆散这个家的时候，一转头瞄到呆若木鸡的儿子，透露着忧郁的小眼神毫不知情地吧唧吧唧还吃得挺欢，看着那傻乎乎的小脸蛋，脑子里翻滚起单亲家庭小朋友可怜兮兮的童年阴影，想到我家儿子将成为一个没有爹的可怜小孩，不禁内心一阵寒意……

算了算了，在心里默念一百遍"忍一时风平浪静，好脾气一生平安"……

养一个孩子可以把一个矫情暴躁的女人变成不以物喜不以己悲的女仙人。

养娃后我们的人格得到了全面升华，懒惰改了，粗心改了，连路怒症都好多了，别怪马路上女司机多，多半是后排有个娃。

更多时候，不是我们教育孩子长大，反而是孩子把我们先给改造了。

嚣张任性也没了，自觉收敛锋芒，克制脾气，吞下委屈，升华肚量……

年轻时觉得自己心高气傲，有仇必报，眼里容不得沙子，不能受半点委屈，但自打有了娃之后，为了孩子，什么原则不原则的，都缩水了，什么委屈不委屈的，都不是个事儿。

不知不觉，成了一个更好的人。

尤其是跟娃一同成长的时候，必须戒骄戒躁，情怀提升，变得性情豁达，笑对人生，精神上铆足了劲，面对一切肉体的凋零都不当回事。

——你头发又掉了。

——哈哈哈哈哈。

——你血压又高了。

——哈哈哈哈哈。

——你又胖了。

——哈哈哈哈哈。

——你可以再生一个呀！

——滚。

十三说

以前我有个朋友，东北人，在上海开公司，财大气粗，人格鲜明，就是傲气，看谁都不给面子，我行我素，天下无敌的样子。后来，从他儿子上了小学开始，他就变了。有一次我竟然看到他当着我的面在电话里说："不好意思，不好意思，我这人比较粗，以后向您学习，向您学习！"

这简直不是他。一问才知道，是儿子跟班上同学打架，老师叫了俩家长去调解，调解过程中他不服气又怼人了，这是在跟老师道歉呢。

你看，一个人的性格是天生的，难改的，但是有了孩子就不一样了，该怂就得怂。我觉得每个人都应该早点生个孩子，为了变成"更好的自己"。

7

中年老母的唯一天敌是爸爸

老师布置了一篇作文《＿＿真辛苦》，是个半命题作文，让小朋友自己填主语。我喜不自禁地暗自琢磨起来，儿子肯定要写"妈妈真辛苦"了。

此时我脑海里已经自动播放起背景音乐，一定是二胡版的，带点哀怨又不失温馨感，北风刺骨，天地萧萧，一个伟大的老母亲形象拔地而起。

这位伟大的老母亲，辛辛苦苦生下这个娃，一把屎一把尿把他拉扯大。他吃红烧肉我啃窝窝头，没日没夜操心，生病了跑前跑后，节假日到处陪玩，还要叮嘱他学习，负责让他赢在各种起跑线上，含辛茹苦地活活把自己累胖了几十斤……

这篇文章写出来，要是经我稍加润色，一不小心能上《感动中国》。

过了一会儿，看看儿子的作文本，标题赫然写着："爸爸真辛苦"。

Excuse me？爸爸真辛苦？

我强忍住满腔怒火，笑着问儿子："爸爸怎么辛苦了？"

他支支吾吾了半天，憋出了一句："他出差回来，刚一下飞机，就赶到学校来接我……"

背景音乐又来了，这回是唢呐版的。一个慈祥的老父亲，风尘仆仆带着边疆的颓废气息和羊驼呼啸而过的沧桑，一路历尽磨难降妖除魔，踏平坎坷斗罢艰险，急行三天三夜只为了能在第一时间接儿子放学？这么感人？

此刻的我如同一个被抛弃在乌干达密林里的颓废中年妇女，披头散发，孤立无援，内心咒骂着，脸上笑嘻嘻，骂也不行，闹也不合适，只能装大度：

"乖儿砸，父爱如山（母爱才是最伟大的），你爸爸确实也挺辛苦的（辛苦程度是我的十分之一），他每天工作很忙碌（你娘我工作也一点不轻松），他回家后还要照顾你（除了陪你野玩，其他事都是我干），你将来要孝顺他（只要孝顺我就可以了），对不对？"

这孩子一句都没听懂，如同一个情商为负数的傻子般，已经开始写了起来。

我能怎么办？我也很绝望呀，只能为自己加油打气：这傻子是我亲生的，我亲生的，亲生的……

以沉默结束了这一段刻骨铭心的尬聊，心力交瘁的我以一个失败老母亲的形象躲进了厨房，本以为可以毫不在意，但最终还是难以忍住内心的悲痛，又吃了一包薯片自我疗伤。

细思极恐，仔细回忆了一下，儿子竟对我日常为人民服务习以为常，对他爸爸偶尔的一次舍生取义念念不忘。这年头，做得多的不领情，做得恰到好处的才会被感恩。

看来，无所不能无坚不摧的妈妈们，战胜了一切妖魔鬼怪，扛过了所有的艰难困苦，孰料却在阴沟里翻船。在这世上，妈妈的唯一天敌可能就是爸爸了。

记得上一次发生类似的事，还是在幼儿园小班的时候。

老师在课堂上让小朋友们演讲"我最喜欢的人"，全班30个小孩，只有5个讲"我最喜欢的人是妈妈"，其他的不是爸爸就是外公、爷爷……

雄性家长在中国式育儿领域或成最大赢家。

想一想原因，各位老母亲心里没有一点数吗？我反思了一下，确实是我自己造的孽。

那时候每天早上我就像打仗一样催着孩子：你怎么穿衣服这

么慢，你怎么刷个牙用这么长时间，你怎么吃个饭像打太极拳，你今天要带的东西怎么还没理好，跟你说了多少次了早上时间宝贵不要磨蹭，blablabla……我觉得每天早上我能说完一整年的话，有时候我喝个咖啡能对着马路发半小时呆，别人问我怎么不说话，我总是告诉他们，我下半辈子的话已经在每一个阳光明媚的早上吆喝完了，连我都嫌自己太吵，快让世界清静清静吧。

而他爸爸呢？早上起来毫无紧迫感，从来不催儿子抓紧时间，甚至还在吃早饭的时候和他聊什么小土星环、人工智能、转基因……

凶悍的老母亲只会大吼大叫："再给你一分钟！马上结束！不然就迟到了！"

而温柔的老父亲只会轻声细语："偶尔迟到一次又不要紧的。"

友谊的天平已经倾斜！

这还不算，每次出去吃饭，凶悍的老母亲总是唠叨个不停：这个是垃圾食品小孩不能吃，那个是大人吃的小孩不能吃，还要追着赶着多塞几口饭进他的嘴。

而慈祥的老父亲呢："这个很辣很刺激哦，要不要来一口？啤酒很好喝哦，要不要来一口？不想吃就别吃了呗，又不会饿死。"

面对男人兄弟情，在下又输一轮！

更可气的是出去玩，凶悍的老母亲只会说："别乱爬，别乱摸，不能去，太危险，小孩不能玩这个。"

而慈祥的老父亲呢："那里有条奇怪的小路，要不要去探险？这个池塘里有可爱的癞蛤蟆，要不要一起抓？那边的山头好像很难爬，要不要去试试？"

是在下彻底输了！

最后把膝盖摔出两个大血印，去医院上药换药包扎这种善后工作又是我的事。每回换药，疼一次儿子就怨我一回，但他还是很感激老父亲带他探险呢……苍天啊！

背黑锅我来，讨好娃你去！

所以童言无忌，幼儿园的小朋友能脱口而出"我最喜欢的人是爸爸"，简直是发自肺腑，谁会喜欢一个爱催命又爱吓唬人又条条框框那么多的啰唆八婆啊！

如果说幼儿园的小屁孩还不开窍，那么作为一个小学生难道还不分青红皂白？事实是，确实不分。

这届老母亲普遍都喜欢犯贱，明明知道那些是吃力不讨好的事，还总是奋不顾身入坑。黑脸我来当，白脸你去唱。所以很多时候，妈妈做的事都成了顺理成章的、习以为常的、令人厌烦的，而爸爸们才是人家快乐童年的守护者。

我就随便举几个小例子，你体会一下：

儿子放学一回家，我会说："作业多不多？抓紧时间赶紧做。"

慈父说："走，天气这么好，先出去兜一圈，做作业又不着急。"

晚上爷俩联机打游戏，我会说："看看都几点了还玩啊，有时间玩这没营养的东西还不如多练练琴啊，快洗洗睡吧。"

慈父说："练琴早一天晚一天的不碍事，这一局快完了快完了，打完就睡。"

说到练琴，赶鸭子上架这种事也都是我的，练不好翻脸臭骂拍桌子的也是我。

慈父说："急什么啊，慢慢会练好的，你看你看人都练傻了，快歇歇。"

假期旅行，我会说："带上你的暑假作业，抽空得快点做完。"

慈父说："做什么做啊，玩就是玩，作业不用做了。"

快升学了，我天天愁眉不展，研究这个学校那个学校，对着儿子灌输考好学校有多么多么难，需要怎样努力才能进去。

慈父说："这有什么好发愁的，是金子到哪都发光，别叨叨这些了，走，出去打球去！"

好人是你会做，在下的整个人生输给你了。

如此看来，辛苦的人确实是爸爸。我每天只不过是做了一些又啰唆又夺命又不切实际的小事，而爸爸做的都是树立信念安抚人心保护青少年的大事，能不辛苦吗？

每到这时，我都希望如果我是爸爸该多好啊。一边被传唱赞美着父爱如山，一边可以肆无忌惮地吐槽着生活的艰辛和压力，一边还能在孩子那边做好人，至少能被写进作文。

而我们这些烦人的中年妇女，压力是应该的，吐槽是矫情的，被孩子写进作文是捡了大便宜，被作为反面教材写进公众号倒是常有的事。

▍十三说

大逆转：后来发现儿子又把标题改成《妈妈真辛苦》重新写了一篇，真不愧是我儿子，为了一碗水端平什么事都干得出来。

其实我们有时候为孩子的作文这种小事影响心情真没必要，事后想想也很幼稚，但每个人都是感情动物、情绪动物，在家人面前更是不加掩饰，于是才会经常为了这种小事而给自己加戏。

证明爸爸和妈妈谁更辛苦是很难的，其实家庭永远是需要分工协作的，没有一个人是不辛苦的，包括孩子。还希望各位认清大局形势，当你的孩子没有把你写进作文的时候，只能说明你的付出已经具象到纳米级，没办法提炼成素材，那应该才是最光荣的。

8

没娃的地方，才叫远方

前不久有些朋友问我："过年出去旅行吗？"我笑而不语。他们又说："忙了一年了，可以出去放松放松，找一找诗和远方。"

同志，你忘了吗，对一个中年老母来说——只有娃上学＋队友上班＋我出差，才能被叫作真正的旅行。一切带上队友和娃的"旅行"，都叫"长途跋涉的加班"。

关于中年妇女的诗和远方，基本原则如下：

队友不在的时候，我有诗；

娃不在的时候，我有远方；

在队友和娃同时没有的地方，我有了诗和远方……

你可能见过凌晨四点的街道，但你应该没见过亲妈为了甩掉娃寻找真正的远方所付出的努力……

前几天带孩子去我爸妈家，儿子和外公下象棋下得上了瘾，不肯走。我说："你就住这儿吧，别走了。"本是随口一说，没想到儿子爽快地说："好！"

外公说："反正放寒假了，你就别回去了，在这儿多住几天！"

我内心一阵窃喜！幸福来得如此突然？

但我在心里反复告诫自己：淡定，冷静，不要表现出欣喜若狂的样子，要像个中年妇女一样，喜怒不形于色。

我心里想："太好了，你最好在这儿多住几天。"

我嘴上说："那怎么行，回家还有好多作业要做呢。"

外公再一次挽留："做什么作业啊，放假就让孩子玩几天，你们走吧！"（果然天下的爸爸都有不分年龄段的"作业无用论"倾向啊！）

我心里想："那太好了，你最好在这里住 20 年，等你高中状元那一天我再来接你回去……"

我嘴上说："那怎么行，外公外婆带不动你，太累了。"

眼看就快大功告成，这时孩子他爹突然说："你这孩子别不听话，快点跟我们回去！"

所谓"猪队友"恐怕就是这样了，该说话的时候不说，不该说话的时候话特别多。

我暗暗地又恶狠狠地踩了他一脚。他闭嘴了。

最后我和猪队友依依不舍地撇下儿子回家了。那一刹那，有一种小公主和白马王子终于得到了默认可以私奔的感觉……

这一个没有娃拖着的夜晚，做点什么好呢？拉上大兄弟，一起看个电影，吃个夜宵？或是在没有娃的二人世界，畅所欲言，胡作非为？

憧憬了一万多种可能性。

那天晚上，我和大兄弟俩人，一个在卧室玩手机，一个在书房玩电烙铁，舍不得在这个没有娃干扰的夜晚早睡，最后，抱着手机的我在12点钟声敲响的时候脱下水晶鞋幻化人形关灯入睡，而大兄弟还在孜孜不倦地焊着他的自制"佩奇版夜间太阳能发电装置"……

一个充实而又平静的二人世界就这样画上了句号。同时也证明了一个道理——

我和大兄弟之间的钢铁战友情确实和"娃在不在家"没多大关系。

尽管如此，偶尔没有娃的夜晚，还是感觉非常梦幻，感觉我是自由女神。

娃在与不在时的用户体验到底有哪些细微的差别呢？

当娃在家的时候——上厕所的我＝一个需要在时间前面抢跑的人……抓紧时间解决三急并在第一时间冲出去抱起声声呼唤我的娃，以免他觉得妈妈不爱他了……以最快速度离开厕所以便及时规避风险，确定娃没有趁我离开的这一小段时间做危险的动作或偷偷干了坏事……

当娃不在家的时候——上厕所的我＝一个进入了桃花源的仙女。

当娃在家的时候——躺在沙发上的我＝一个假装无所事事的人，忽略不计身边正有一个随时可能玩火玩电玩煤气玩剪刀玩电烙铁的娃；视若无睹那个放着一大堆作业不做、琴不练，却闹着要我陪他去捉癞蛤蟆的娃；假装没有一个随时可能喊饿并要求我一分钟就能端着食物上桌的娃。

当娃不在家的时候——躺在沙发上的我＝一个灵魂在起舞的仙女。

当娃在家的时候——吃饭的我＝催着娃别磨蹭＋追着他跑＋变着法地逼他吃他不爱吃的东西＋吃他剩下的饭＋还没吃就气饱了。

当娃不在家的时候——吃饭的我＝仙女。

所以说，我们中年老母的"远方"就在那些"美好的没娃的地方"。

于是我们最喜欢的好伙伴，逐渐被筛选出来了，就是那种有意愿、有能力、有机会帮我们带娃的人。每次看到这种人，都感觉生命被点亮。

我有一个小外甥叫王大胜。我也不知道年纪轻轻的为啥叫这名字，可能是家庭的爱好，他爸爸叫王大强。他们一家人非常热情。

有一次过年时聚会，王大胜当时才五岁，我儿子四岁，他拉着我儿子的手说："去我家玩吧，我家有一百多个机器人，三百多头恐龙，还有一橱的坦克。"

王大强补充说："对，一会儿让你爸爸妈妈先回家，你到我们家去玩。"

我心里想："好啊好啊，快把我儿子带去你们家吧。"

我嘴上说："哎呀，会不会太麻烦你们啦？"

王大强又说："麻烦什么啊，小孩子一起玩嘛，晚上干脆在我们家吃饭，别急着回去。"

我心里想："太好了，住在你们家才好呢！"

我嘴上说："吃饭就算了吧，我早点来接他。"

王大强接着说："难得一起玩呀，急什么，要不干脆在我家住一天，明天再来接他好了。"

我心里想："真是太贴心了！就这么定了吧！"

我嘴上说："这……看情况吧！"

经过了一番客套，儿子跟着大胜一家开开心心走了，撇下了我独自一人风中凌乱心花怒放喜上眉梢。

刚开心了俩小时，王大强打电话来说我儿子哭得像个孤儿，让我立刻去接他。

短暂的俩小时……我刚洗了个头打扮了一番准备去逛街喝茶shopping，接到这个电话我只能美美地跑去接儿子。一进王大胜家门，他用 200 分贝的声音夸我："哇，小姨，你怎么突然变得这么好看啦！"

是啊是啊，来你家接娃而已，确实没必要打扮得这么隆重（但你个小屁孩又能懂得我多少心酸啊）……

惊喜还在后面呢！

王大胜抱着我儿子说："弟弟，我还没和你玩够呢，要不我去你家玩吧。"

傻儿子抱着哥哥说："好，哥哥去我家！"

我期待着王大胜的爸爸王大强能像个真男人一样！站出来！阻止这一切！可是万万没想到啊，天下父母一般黑，王大强携夫人一起迫不及待地冒了出来：

"你要去就去吧，你干脆在小姨家住一天！"

……

送神没送走，还接了个神回来。

最后我伺候了两位小主在我家玩了一天一夜的"上房揭瓦"。从那以后，我对于任何想把我儿子接回家去玩的人都抱有一种莫名的警惕心……

现在妇女们思想都解放了。

过去几个世纪，妈妈一直高举伟大的母爱旗帜，如今这届老母，终于开始了自我放逐之路，毫不掩饰自己渴望"抛夫弃子"之情。

几年前，一位妈妈跟我说，她有了宝宝后第一次带娃回老家时，本来憧憬着回娘家重温一下当小公主的时光，没想到爹妈天天围着外孙打转，还一个劲地教训她带娃的方式方法不对，说得最多的是"你都当妈的人了，怎么还稀里糊涂的，有你这么带孩子的吗……"

只有不带娃的"回娘家"，才能肆无忌惮地睡个懒觉，张狂地吃顿饭，任性地好吃懒做一番，重温一下小公主的美梦……但当娃在 C 位的时候，所有小甜甜一律是牛夫人，什么童年的回味和受宠的待遇，只能自己偷偷想想。

有娃的地方叫作家，没娃的地方才是故乡……

这种明目张胆的喜悦，究竟是人性的扭曲，还是道德的沦丧？直到发现朋友圈里越来越多的妈妈们开始追逐"远方"时，才发现，这原来是母爱的另一种释放啊……

长期被娃"捆绑"惯了的妈妈们，偶尔突然被"放风"，心情是十分复杂的，兴奋激动中隐藏着些许的失落＋担心。如果被"放风"的次数多了，甚至还会觉得自己被忽视＋抛弃。其实"当妈"这件事是有瘾的，娃不在身边的时候，会出现各种说不清道不明的不适感。

这大概就叫作"贱兮兮的母爱"吧，总是巴不得获得"没娃"的间隙喘喘气，但这个间隙一长，又浑身难受。每个妈妈都需要自己的空间，但这个空间又想要自己把控。

也许这个"远方"最理想的状态，就是忽远又忽近，在自己所能触及的范围内，远到最大值……

孤独是一种何其奢华的享受。

十三说

我发现最近几年我最喜欢的事有三件：出差、出差、出差。

出差是这届妈妈最名正言顺富丽堂皇的借口，能够享受顺理成章不用带娃的福利，顺便享受一小段的自由。

可是呢，妈妈们最致命的一大弱点就是：明明有时候可以给你自由，你却偏偏选择不放过自己，比如放心不下队友带娃，非要在家里管东管西；怕长期不在家一团乱，草草结束工作急着赶回家……重点是，才分开一两天，就开始了对孩子的无尽思念。想要逃离，却又舍不得；想要自由，却又挂念；想要去远方，却迈不开脚。

这可能就是为人母之后，永远的一种矛盾了吧，这也是一种幸福的矛盾。

9

第一批生二孩的中年妇女已经成魔

王国维在《人间词话》里描述了三种境界：

"昨夜西风凋碧树。独上高楼，望尽天涯路。"此第一境也。

"衣带渐宽终不悔，为伊消得人憔悴。"此第二境也。

"众里寻他千百度，蓦然回首，那人却在灯火阑珊处。"此第三境也。

在中国，为人父母正应了这三种境界。

第一境界是爷爷辈的那一代，穷困潦倒却随便生。生了一茬又一茬之后还遭遇了各种天灾人祸，日子很艰难，可以说是"劣生劣育"养大了一代人，真可谓西风凋碧树，望尽天涯路。

第二境界是爹妈那一辈，只让生一个，就一个孩子那肯定娇惯着养，加上条件逐渐好起来了，孩子养得肥头大耳，爹妈全部心血就倾注在一个娃身上，几十年如一日地为伊消得人憔悴。

第三境界就是我们这一辈了，赶上好时候，国家开放二孩了。其实双独一直以来都允许生二娃，2013年又开放了单独二娃指标，只是这一届"70后""80后"普遍觉悟不够，积极响应的并不多。自从2017年全面开放二孩政策之后，轰的一下！突然间，中年妇女们的肚子都挺起来了。

看来喜欢生孩子这件事还是遗传基因驱使的，父母不是独生子女的，往往更喜欢再多生一个。不过好多"80后"思前想后仔细一琢磨觉得还是不行，造孩子就三分钟的事，养孩子可是扒皮抽筋的事，一个孩子一不留神就把全家从中产砸到贫困人群里了，还把老大也给连累了。这头还没琢磨清楚，那头"啪"的一声惊雷，二娃说来就来，蓦然回首那娃就在灯火阑珊处。

全民开放生二孩之后，最开心的人大体分为四种：

首先是七大姑八大姨们。以前逢年过节每次都要问三个终极问题：有男朋友了吗？什么时候结婚？啥时候要小孩？之后我们婚也结了，孩子也生了，她们再也没什么好问的了，只能尬聊些保健养生社会热点小区八卦之类的。现在好了，每次见面终于有了新话题：什么时候生二孩？她们就喜欢拿这个话题当乐趣，反正不用自己生自己养，图个嘴炮乐呵，毕竟那一代人从小接受保守教育多了，现在一有机会就会把"找对象""结婚离婚""生孩子"这种"不健康非主流话题"拿出来调戏晚辈。

第二开心的是家里不差钱更不差人带孩子的富裕家庭，尤其是爷爷奶奶就是暴发户，爹妈就是富二代的那种，家里保姆就有三个以上，孩子只管生不管带，读书好不好压根无所谓，反正光继承遗产就够再生一窝的了。

第三开心的是苦于自己强大的优质基因无人认领的，尤其是第一胎就表现出优秀基因遗传特质的，恨不得马上再生一个更优秀的，以延续香火，希望等自己老了之后，一屋子精英孩子精英孙子绕膝而坐。

第四是老思想的，第一胎是女儿想要个儿子，美其名曰"不多生几个将来没人养"的老思想驱动者，或者"老了生病多一个孩子分担负担"的超现实魔幻主义执行者。

现在马路上越来越多的中年妇女一手拎着熊孩子，一手抱着小熊孩子，一家四口在快餐店里因为管不住老大又嫌老二太黏糊而乱成一团的其乐融融场面经常感动中国。不光这些，第一批生二娃的中年妇女还有更多魔性的生活方式。

（1）"要生的不带，要带的不生"的魔性二娃

我认识一个妹子，生了一个女儿，自己一天都没带过，都是婆婆和老公带。二孩政策一出，她吵着闹着要再生一个，美其名曰要给婆婆家"添个男丁"，没想到婆婆和老公坚决反对。

另一个女的，自己一个人把儿子从出生带到上小学，婆婆天天催着她再生一个，她是宁死不从。

虽然是鲜明的对比，但可以总结出共同点：要生的都是自己不带的，要带的都是不想生的。可谓是"汝之蜜糖，吾之砒霜"。每一个二娃的出生，几乎都是建立在有人乐意有人不乐意的基础之上的。这孩子，比头胎的魔性大得多，全家人也因为有了他而更加魔性了。

家里一有啥鸡飞狗跳，就赖在主张生二娃的那个人头上。比如大宝生病了全家忙不过来的时候，大宝要送补习班全家人兵荒马乱的时候，大宝把二宝传染了跑一趟医院得三个以上大人跟着的时候，俩孩子打起来一轻伤一重伤的时候……恨不得把二娃塞回肚子去，怀念当时的大娃还是那么的天真无邪可爱纯真，当时的全家人还是那么的从容淡定有条不紊其乐融融……

（2）什么都得换

首先是房子太小了，生个二娃不只多了一个人，为了照顾两个孩子必须请父母或者保姆帮忙。家里一下子拥挤了，房子到底是换还是不换，一考虑就一两年过去了，看中的地段又涨了一百多万。

其次得换车。不换一辆七人座保姆车都不好意思说自己有俩娃。同时还得再买一辆通勤车。保姆车带孩子和全家出行，通勤车平时上下班专用。每天回家抢车位的难度 ×2 了。

比换房换车更棘手的是换生活习惯。要知道好多妈妈生二娃之前都对老大签过保证书："生了老二之后，也永远第一喜欢你"并摁了手印。现在对一个孩子说话之前，先要考虑到另一个孩子的感受。调解纠纷之前，先要开展全面调查，探寻蛛丝马迹挖掘前因后果，不能误伤也不能偏袒。买两块蛋糕不能一大一小，买两件衣服不能一个贵一个便宜。抱着二娃的时候要对大娃甜言蜜语，陪大娃做功课的时候歇斯底里的声音要尽量压低，免得对二娃造成心理阴影将来厌学……就这样，大娃一不开心，妈妈就开始担忧了：这孩子是不是有心理问题了？

公平对待是相当有技术难度的，大多数二娃妈同时带俩娃的时候都特别魔性，一人分饰两角，小甜甜和牛夫人轮流替换。刚拍着桌子对老大喊："这题讲了多少遍了还是不会做，你上课有没有在认真听啊！"回头脸刷地一变："哎哟，宝宝这么乖呀，自己会喝水水了呀！"再一转头："你把这几个写错的词每个抄十遍，我不给你签字找你爸签去！"又一个回眸："乖宝宝不要吃手手哟！"……

（3）幼儿园父母老龄化

二孩的妈带着小的去幼儿园报道，妈妈们之间的面相几乎能差半代人。年轻的才 20 出头，年纪大的已经 40 多了，都不知道该叫姐姐还是阿姨。

班里要搞个演出什么的，年轻妈妈教孩子唱的都是什么易烊千玺的《离骚》，老龄妈妈们教的还是周杰伦的《听妈妈的话》。同一个班里三岁小孩之间都有代沟了！

但老有老的优势，幼儿园要做手工，做家庭作业，准备个花花草草小鱼小鸟，中老年妈妈都特别有经验，完全不慌，兵来将挡，胸有成竹。

过不了多久，只见幼儿园的中老年妈妈们开始扎堆探讨人生了。当年轻的妈妈们还在担心宝宝吃东西不洗手、冬天不肯穿秋裤怎么办的时候，中老年妈妈们却在讨论奥数技术哪家强，小升初策略谁更高，美高学校好不好了。家里大宝处在人生转折期呢，这种幼儿园的小娃娃算个啥，就是顺带着养养的。

（4）死要面子的相亲相爱

但凡俩娃岁数相差 2 岁以上 5 岁以内的，都是在家水火不容，出门相亲相爱。别人不明真相地一看说，哎呀你真幸福啊，两个孩子这么好，你一定很省心吧？

天晓得后台是多么凌乱。

大宝是姐姐的，男二宝整天被打扮成小公主。

大宝是哥哥的，女二宝成天拿着奥特曼和宝剑到处厮杀。

妈妈给二宝穿大宝的衣服，大宝会生气，二宝会不服。

一个会借口另一个想吃什么，想要什么，从而讨来自己想吃想要的东西。

俩宝打起来天天有，但万一友好相处起来说不定更可怕，他俩会一起鬼鬼祟祟玩"藏宝藏"游戏，把爹妈的钥匙啊、钱包啊什么的藏到自己一定能忘记的地方，然后都说不知道。

为了照顾小的，大的学习没空管了，自生自灭。

为了去给大的开家长会，小的交给爸爸带，自生自灭。

带个娃带得接近疯魔，出门时还要努力做出一幅一家人特别温馨和谐的画卷。

京剧行当里有句老话：不疯魔不成活。这是一种痴迷的境界，深陷其中如痴如醉忘却自我。那些生二孩的家长，没有一个不是深受其苦却又乐在其中的，这可能就是疯魔的典范吧。

十三说

说真的，我经常被二孩妈妈们震撼到，虽然自己没有二孩，但已经完全可以想象到二孩生活的状态。最佩服的是她们花钱的能力。

养二孩养出经验来的妈妈们，深知"花钱"对二孩家庭来说有多重要。别人花一分钱，他们家得花两分，但当给两个娃报了两个兴趣班，周末把俩娃都打发出去，一下子安静下来的时候，获得的身心舒畅也是双重的……二孩有很多好处，比如孩子有个伴，比如未来两个孩子分担赡养父母费用等，正是这样的传统思想，给了很多妈妈生二孩的勇气和信心。但在成长的过程中，二孩妈妈是辛苦的，这个世界因为有二孩妈妈的存在，才给了只有一个娃的妈妈们莫大的鼓励：你看看人家，带俩娃照样忙得过来，你还有什么好抱怨的？

10

穷妈妈，富妈妈

在我生小孩时，国家还没有开放二孩（即使开放了我也当没有），于是我铁了心一生只有这一个娃，只爱他这一个小孩，全部最好的都会给他。

后来发现其实很多人即使有了二娃之后，也是给了最好的，甚至更好的。当妈的一定是这样，总觉得还没有给到最好，如果再来一次，一定更好。

首先从物质上，买进口奶粉、进口的纸尿裤，严格控制品质。全棉纱布的衣物毛巾口水巾、大牌的玩具和婴幼儿用品，市面上最好的，都恨不得全部拥有，让自己的孩子成为整条街上最靓的仔。

这是一个很有趣的现象。其实小孩的东西性价比一点都不高，尤其是这些很贵的进口货。对于手无缚鸡之力的小孩而言，那些昂贵华丽的快消品，在他们刚来到人间的那几年，尚无记事能力的阶段中一闪而过，就如同一个不修边幅的中年妇女突然大规模买了一堆奢侈品包包，买回来根本没机会用，但买了，内心就非常满足。

差别只不过是：给儿子买奢侈品眼都不眨，给自己买奢侈品总是悬崖勒马。

记得有一次我和朋友带着各自的孩子一起去上兴趣课，孩子上课时，我们就在商场里逛。我们被热情的化妆品柜台营业员推销"第二支半价"的口红，两人试了半天，犹豫了半天，找了一些理由比如"我刚买过口红""这些色号都不太适合我"等拒绝了，都没买。

逛了俩小时，接完孩子带他们吃饭，孩子在旁边的小机器人店里玩会儿说话机器人，玩得开心到飞起。吃完饭，我们俩谁也没犹豫，给两个孩子每人买了一个机器人。

一个机器人的价格能买五支口红。

是穷妈妈，还是富妈妈，那要看场合、时间、对象是谁。

过去有句话说"男孩要穷养，女孩要富养"，对这句话的片面和错误的理解已经铺天盖地，在我这儿的理解是，穷和富都不是物质上的。

男孩的"穷养"是要培养他吃苦耐劳、担得起挫败的精神；女孩的"富养"是要培养她格局广阔、精神富足的人格。

只不过在实际操作中，无论男孩还是女孩，尤其是大城市里的新生代，物质上富养和精神上的"填鸭"成了抚养孩子的主旋律。谁都想给孩子最好的最贵的，别人有的我们也要有；与此同时，教育的提前和多元化、择校与升学的压力、全面素质的培养、攀比和竞争……这些逼着我们不得不把孩子变成一个"富养"的新型教育产物。

每次想到这个过程都觉得有点儿荒诞。

当孩子刚出生时，我只想给他最好的、最安全的、最健康的成长环境，我希望他健康、平安、无忧无虑、性格阳光向上、活泼快乐。我们毫不犹豫给他创造最优渥的生活，我们就像一个富婆一样，让孩子应有尽有，随心所欲掏钱给他添置任何必需品和没有意义的非必需品。

除此之外，我们又是一个穷妈妈，我们没有自己的时间、自由、欲望，甚至靠压缩自己的生活来满足"富妈妈"的各种所需。更可笑的是，我们变成了一个精神上的穷鬼，没有自己的立场，没有观点，没有判断。我们变得人云亦云，跟着大部队走，不敢掉队，不敢输在起跑线上，于是把当年"只希望他快乐而不需要他又累又忧愁地长大"的誓言忘光了。我们很多时候就是为了大人之间的那点"面子"和"成就感"而强迫孩子必须做最好的学生，拿最漂亮的分数，学最多的特长，有越来越多的证书，上更好的学校，成为令人羡慕的人，从而使自己成为令人羡慕的妈妈……

我们到底是富妈妈还是穷妈妈，这个问题始终无解。我们富到能给孩子买下一个星球，我们却也穷到无力支撑片刻回想初衷的时间。

带孩子的过程，就是一个不断自我否定、自我认可、再自我否定的过程。在这个过程里，又在不断地逃避、面对、再逃避，然后强大、软弱、再强大。

在这个年代里，当妈已经不是一种个人行为，受到大环境和社会以及他人的影响，实在太多，深厚到足以让一个亿万富翁般的妈妈，变成穷酸乞丐，也有可能与之相反。所以，大多数妈妈正在随波逐流，身不由己，但大多数妈妈的旗帜上永远是鲜明的"为了孩子"四个大字，正如自己小时候很反感的"妈妈说的话"一样。

十三说

我常觉得我们对孩子太好了，对自己太苛刻了。但反过来想，又觉得现在学业压力很大，孩子已经很辛苦，很不容易了，我们有一些"无理"的期望其实是在给孩子施压，其实全是为了妈妈的一点小期望，想到这儿又觉得我们对孩子太不好了。

这个时代，物质是最纯粹和简单的存在，花钱比什么都容易。老母亲的心里对孩子的期待却是最复杂的，而这些期待，往往又是通过花钱来实现的。这就像一个闭环，怎么也走不出去。我们到底要做富妈妈还是穷妈妈，往往也不是由账户里存款的金额来决定的，一切都取决于自己的内心。

第四章

别得罪中年妇女，她们狠起来什么都学

1

别得罪中年妇女，她们狠起来什么都学

上周参加一个项目会，接到个新任务，要求会使用画图板。之前我们这儿没人玩过这东西，这是个新挑战。

一个年轻小伙子目光扫荡一圈，然后主动挑起重担：要学画图板啊，那就我来吧。

本来这事到这里应该挺圆满的，可小伙子又突然补充了一句："叫各位大哥大姐来学这个东西肯定是难为你们了，再说你们也没空……"

你等等！你说我们学这个有难度？

小伙子，你得罪了中年人，后果很严重啊。

论学习能力和自我突破，我们中年人怕过谁？

不瞒你说，我就粗略估算一下，我在30岁之后重新学习和

深造的技能加起来比你吃过的盐还多。

都一把年纪了还要从头学起，神经病啊，我们不要面子的啊，但我们在这方面确实不要面子，我们狠起来真的什么都学。

30多岁我开始学《声律启蒙》《三字经》《弟子规》，两三个月就实现倒背如流，国学童子功晚起步30年依然能傲视群雄。

30多岁我开始研究"龙的儿子们"，不然会被孩子瞧不起，那些叫作负屃、狴犴、霸下、睚眦、狻猊的龙的儿子，我为自己能念出这些名字感到自豪……当然，中西结合的我也跟着娃看《哈利·波特》，学会了好多魔法咒语。

30多岁打开新世界大门走向奥数课堂，什么抽屉原理、追及问题、鸡兔同笼、牛吃草闭着眼都会做，能用狗血套路的绝不用高阶方程，把简单的事情复杂化是中年人对付数学的新技巧。

30多岁的时候必须能和娃一同背诵75首古诗，三年内达到了120篇古文张嘴就来的程度，终于实现了腹有诗书气自华。

30多岁我开始研究机器人编程，玩转scratch、python、C++，以前看到计算机系的都给跪了，现在看到不会玩EV3和Playgrounds的都一律鄙视。

30多岁学会所有手工劳动技能甚至木工和钳工，学会了废品收集，能徒手做六个跷跷板，至于照顾幼儿园的花花草草蚕宝宝之类的技能，也必须是无师自通，自学成才。

30 多岁攻克自我局限，走上戏精之路，不用科班出身也能生动演绎各种角色，还在学校的舞台剧上扮演一棵树全程不笑场。

30 多岁开始跟娃一起报轮滑、游泳和攀岩，学会蛙泳、自由泳、仰泳的时间都得比娃短，不拴安全绳表演猴子跳墙都得面不改色，以前静如处子的我穿上轮滑鞋动如脱兔，感觉自己萌萌哒。

30 多岁开始为了陪娃学各种球，到处请教圈内人士，从来不看体育比赛的我看到橄榄球、棒球联赛都能直接当战术解说嘉宾，用的全是专业术语。

30 多岁我开始一边研究各西医科室的治病套路，一边学起了中医推拿，学会了确诊小儿急疹、疱疹性咽炎、化脓性扁桃体炎、轮状病毒等病症及护理方式，凭一己之力在家非法行医从没误诊过。

30 多岁我开始通过实践加分析形成了基本的自救意识，已经经常和姐妹们分享如何使用硝酸甘油和黄芪水补气，如何提升每晚体力劳动（吼娃）的效率。

30 多岁恶补文史哲，作为一个曾经历史成绩稀烂的文科生，还在陪读过程中把中国的历史朝代搞得一清二楚，连野史都主动研究起来。这种探索钻研精神如果在 10 年前就有，我可能会成为一个教授。

30 多岁开始苦心钻研乐器理论，百人交响乐团里哪个位置是个啥乐器能说得头头是道。作为一个以前从没碰过大提琴的人，能准确指出娃的音准手型问题，然后淡定地说："重来。"那面容冷峻得活像个下岗的老艺术大师。

30 多岁开始重新学沟通和展示技能，好看炫酷的 PPT（做简历用）信手拈来，花式排版、遣词造句脱口而出（和老师沟通用），不知不觉导致现在开个大会我都先加一段抒情写意的开头文：春去秋来，大家报表做完了吗？

30 岁之后我鼓足勇气买了人生第一把剃头刀，强迫自己成为女托尼，拿亲儿子的头练手，从西瓜头板寸头中分头到各种奇形怪状造型，全部靠着强大的想象力和手劲逐一实现，不花一分钱也能成为美发专家。

30 岁之后我才挖掘出了自身蕴藏着的多重美德和能力，不费吹灰之力成为斜杠中年。更狠的干脆自学拿到了教师资格证，为了辅导孩子的发音还考了英语口语全国等级考试和普通话甲级。哦对了，还有黄牛——现在有什么演出表演、短期游乐园基本就是闻风而动，嗖嗖地刷票。

30 岁之后开始了心理学和法律启蒙，为了崽子敏感易碎的玻璃心，买一大堆心理学书籍自学，在娃的自由平等民主法治自我意识增强的前提下，或是一把关上门谢绝你侵犯隐私的时候，《青少年保护法》和《未成年人保护法》都能摆上书架了。

以上不是我自吹自擂啊，我是想说明一个道理——

学习这件事，真不是靠家长逼，靠孩子逼可能更有效一点。

有了娃之后，根本不需要人管，自觉自愿自律自强不息地学了那么多本领。

如果中国高校放宽招生年龄到 50 岁，估计绝大多数硕博院士都是从 30+ 岁开始重新回炉出来的中年父母。

昨天群里的一个妈妈说："我一个文科生，愣是答出了高二的生物题。"

我觉得这不值得骄傲，毕竟有娃后回炉再造达到人生顶峰的不是你一个。

自从工作后，只有上班时间使用有限几个英文单词的我，恶补阅读，能陪孩子看完一整篇原版文章，还恶补口语，和多种肤色多国老师无障碍交流到天花乱坠最后成了他们的江浙沪旅行导游，我骄傲了吗？

当然，我认为我的技能中长进最快的一项当属"查资料能力"。

手机上不装个金山词霸你敢辅导英语？

手边没本《新华字典》你敢辅导语文？

跟娃玩24点你不用偷偷百度？

而这一切又必须暗中进行，所以对我的反侦察能力也有所训练，作弊也面不改色心不跳的我，现在可以去考警校。

我有个朋友，孩子上芭蕾课，她跟着报了成人芭蕾；孩子上英语课，她报了CFA考试；孩子钢琴课刚开始她就每天苦练，现在考个七级没问题。

还有个朋友，为了跟得上娃学画画的脚步，自己买了各种画画装备增添家里的艺术氛围。从做手抄报中逼出来的画画技能与日俱增，苦练素描每晚画三张兵马俑贴满床头。那场面，你想象一下……

有的老母本来不会做饭，为了让娃吃得健康，报了厨艺班，三个月后厨艺精湛到把自己吃胖了十几斤，还无师自通地自学了西点烘焙，把隐藏了三十多年的厨子体质给暴露出来了。

有的中年妇女原本柔情似水，纤弱如花，有了娃后学会了骑小孩的 10 寸三轮车在野地里驰骋；奥特曼五兄弟的名字张口就来；对二战各种坦克型号了如指掌，虎式、豹式、谢尔曼一眼就能分清。

随便找个幼儿园的妈妈，给她一个月速成幼师也是可行的。手工折纸、艺术创想、废旧材料 DIY、动物百科（附加恐龙百科）不在话下，儿童绘本故事讲得不比专业的差，还得是个乐高达人。

有多少中年人都是被耽误了的学霸，现如今他们动辄新概念第一册倒背如流，数理化公式常记心中，生怕娃到了高中后以为自己是文盲，加班加点地恶补闭曲面函数和楞次定律，以备不时显摆之需。

中年人自从带娃后，学习的动力都空前高涨。无数个英语学渣，陪娃背单词到现在坚持了 140 天；陪娃打乒乓球，刮风下雨都拦不住。回想当年单身时，一定是窝在沙发里花好月圆。

以前记忆力再差的人，当了家长后就是个闹钟＋经纪人，绝不会搞混娃的各种上课时间、排路线、排时间、排计划表，永远在路上，永远热泪盈眶。

有很多中年人，本来挺内向的，自打孩子上学后，学会了社交技巧，见到同班、同级、同校家长就扑上去，三言两语就结成同盟，引为知己，自己更是各种群群主、班级家委、年级家委、校级家委……最后作为家长代表在大会上讲话，达到了人生巅峰。

然而，路漫漫其修远兮，在娃的启蒙之恩下，在肺活量1000+ 和心肺功能 10000+ 的进步之下，仍有很多中年人的学习意志力不够强大。

他们一开始信心满满要跟娃一起学钢琴，以后可以四手连弹；要跟娃一起学围棋，以后可以围炉对弈……后来发觉，可以刷个手机打游戏才是王道。

多年后，你家孩子对你说："妈，快过来，咱俩该写作业了。"你就会有一种愧疚无以言表。

而大多数的中年人，只要跟娃一起学，很有可能逆袭，清华北大都欠你一个学位。

所以不要看不起中年人，别以为他们的学习能力屈于年轻人之下。要是敢低估中年人的爆发力，可就相当于得罪了一大拨霸王龙。

有人问我有娃后学到的最重要的人生技能是什么，我想来想去，如果选一项受益终身的，大概是娃教会了我深呼吸吧。

▌十三说

有了孩子的这些年，我真的感觉自己在成长和进步。不光是心理素质和处事应变能力，还有方方面面的知识技能。不光我们做爹妈的，就连我的爸妈，孩子的外公外婆，都在有了外孙，经常陪外孙玩耍、学习之后，学会了多种新技能。我妈用电脑画图板非常溜，我爸和外孙线上打游戏都互相崇拜。几十年前错过的学习机会，现在全找回来了。

教育真是一个大产业，网罗的不只是孩子，还有孩子的整个家庭。只要在这张网里，你不想学也得学，孩子逼着你二次上进、二次成才。

2

中年女性刷新生活存在感

比较尴尬的年纪，是从"不穿秋裤的自信"到"跳广场舞的快活"之间的那一段。既不能像小萝莉一样拥有年轻资本，又不能像老阿姨那样占据话语权。

大概也就是 35 岁往后，未来的 20 年，应该是专属中年妇女的挣扎之路。

这条路上最大的危机是容易被忽略。当年陪人家看月亮的时候叫人家小甜甜，现在叫人家牛夫人。

于是刷存在感成了头号大事。目前中年妇女们都不是旧社会的模式了，解放自我、放飞灵魂的方式也多种多样，刷存在感的招数可谓数不胜数：

[玄学与中医] ——

为了展现云淡风轻，中年妇女喜欢说"浮云"。一说起什么恼人的纠结的无奈的话题，最后总能以"都是浮云"来总结陈词，最后跟一个命理学注解——信命。

以前很瞧不起的那些老人家的封建迷信，现在越来越觉得靠谱，玄学提上了日常，开始用一些人类科学无法解释的方式来解释人类。

比如单位里新来个小伙子，有些中年妇女自来熟："哟，小伙子你这耳朵可是有福相哦，鼻子也不错，我跟你说哦，你千万不要去动你这个鼻子，一动福气就没了。别学人家整容什么的，难看就难看点，有福最重要。"

"哎呀，你别欺负人家小鲜肉了，什么鼻子不鼻子的，年轻人就应该怎么好看怎么整嘛，对吧？反正不花你的钱。来，你过来，姐给你看看手相。"

家里孩子如果学习不好，有的中年妇女就开始分析了：

"这孩子就不是学习的料，就是跟着他爹去开饭店的命，还不如学学烧菜。"

一半以上中年妇女离开学校多年后，最大的成就也许就是成了半个儿科医生，苦于排长队和西医副作用的中年妇女们逐渐向中医靠拢。

小区里的推拿大师啊，妈妈群里的摸骨专家啊，祖传膏方神医啊，一般人我不告诉他的独家配方啊，竟然用中医都能解决各种疑难杂症。

不仅如此，很多中年妇女还做起了热心的义务宣传，哪里哪里的哪个中医特别神奇，你快去啊。

[烘焙]——

学烘焙是公主梦的延续。你见过哪个公主开着抽油烟机，一手翻着大炒锅一手倒腾着一锅的韭菜炒大葱，眯缝着眼透过升腾的油耗气干咳两声，再大喊一句："妈的，咸了！"

有这样的公主吗？没有。

少女的公主梦是芭比娃娃和粉色跑车，中年妇女的公主梦则都从烘焙开始。

由高精粉、低精粉、黄油、蔓越莓、打蛋器和烤箱组成的世界，是这个中年妇女区别于其他中年妇女的标志——她们还在一日三餐的层次，我却已经到了下午茶的高度。

几个漂亮的拉花，小巧可爱的曲奇，色香味俱全的蛋糕，时下流行的各式点心……谁的朋友圈里没几个这么能干的中年妇女?

大米饭可以不会煮，大馒头可以不会蒸，但会做西点的中年妇女就是战斗机。

[调戏与反调戏] ——

中年妇女的微信群里必须有三类人：一是傻白甜少女，负责反衬自己的阅历；二是懂事的小弟弟，负责拍自己马屁；三是老司机中年男，负责调戏和反调戏。

中年男嘴上说不忘初衷，一辈子不变的审美情趣都是 18 岁肤白貌美丰乳肥臀，但实际上，能力范围内能随意调戏得到的其实只剩下中年妇女。

于是中年妇女成了他们平时发黄段子的背景观众。琳琅满目的不可描述 .jpg，不可描述 .gif，不可描述 .txt，以及各种不可描述 404，如果没有中年妇女的旁观和评判，便少了很多活力。

中年妇女会细致地为他们讲解这些美女图里哪些部位是假的，鼻子用的什么材料，胸如何鉴定真伪，大长腿在美图秀秀中如何实现等技能。

发给中年妇女的表情包，排名最靠前的都是文字包，比如"你为什么不约我，是不是因为我不够坏""你这么针对我，是不是想睡我""只要你主动，我们就会有故事"。说真的，特别逼真的专业表情包，道出了人性的本质，也让中年妇女的存在感上升到了一定高度。

毕竟中年男之友归根到底还是中年妇女。

［健身］——

办卡的中年妇女，一半是被马甲线女神的励志鸡汤蛊惑（美其名曰为了健康），另一半是为了气气那些对自己不看好的人（美其名曰不放弃自己）。

一周之后，也许她会明白健身卡对自己最大的好处就是有地方洗澡。

但是站在瑜伽房的大镜子前面拍一张照，对于中年妇女来说是一种灵魂的进击：你看，我是一个高尚的人，一个纯粹的人，一个脱离了低级趣味的人。这样的生活方式，拉动着很多人可望而不可即的羡慕与嫉妒，成为自信的来源之一，成为备受关注和赞美的主要方式。

以减肥为目标的中年妇女，练完回家胃口大开，打开冰箱掏出十二个速冻大馄饨到吃完一气呵成，拍拍肚子照照镜子，好像刚才隐约看到的马甲线又有点模糊了，没关系，明天再来40

个卷腹。第二天卷腹做了 3 个就饿得不行，没有馄饨的晚上吃二三十根黄瓜也是一种无限满足。

健身的中年妇女时常像个孩子，内心的两个小人经常在博弈。一个说："今天偷个懒不去了吧。"另一个说："好啊好啊。"

特别是每个月的那几天，大姨妈的到来都能窃喜老半天，终于有个正当理由不去健身，还能吃好的了。

［秀恩爱］——

虽然中年人中无性婚姻占了 80% 以上，但从没见哪一对出门见亲戚朋友的时候不恩爱得像新婚夫妻。

很多中年妇女，强行拉着老公摆拍一组合影，发朋友圈之前努力把自己 P 得像刚刚缠绵悱恻完，娇羞到不行。

伪装是中年妇女特有的本领，那些隐藏在骨子里的寂寞委屈通常是不为人知的，光鲜的幸福生活表象有时候看起来比什么都重要，为的是安抚老的和小的。不是要和谐社会吗，中年妇女真的是主力军。

也有些不同的。有很多老夫老妻，看个电影要秀，吃个饭要秀，情人节圣诞节 520 双十一都要秀，这样的中年妇女我不敢说一定，但一半以上是老公疲惫不堪，而自己却特别虚荣的，刷存在感成了生活的主旋律，她们的主要特征有：

平时没有什么兴趣爱好，也没有一技之长，赚钱能力更是平庸无奇，依赖性强，担心老公出轨，喜欢查手机、翻聊天记录和联系人名单，但自己被异性约饭时却会精心打扮按时赴约。

在一个不被重视的年龄段，突然被人重视起来是一种成就，严于待人宽于律己是一种能力。

[陪读]——

把补习班当成个性的体现也不失为一个好的方式。

一开始总是说："我才不会让孩子上什么补习班，我的孩子要快乐成长。"彰显了一个西化妇女的教育理念。过一阵子发现周围妈妈们都在讨论自然拼读、口语班、原版阅读、奥数、马术、幼升小、小升初……慢慢地，这些补习班开始和起跑线、阶层、分流、未来、出路挂钩，中年妇女就会开始动摇，到最后，罕有不忘初衷的。

周末陪读中年妇女的标配是小说、帆布包、星巴克。

朋友圈里常有中年陪读妈在周末的大清早，寻一张星巴克的小圆桌，摆着日本作家的小说。为什么是日本作家呢？因为日本作家普遍冷静、温和，调调清淡不油腻，这正是好多中年妇女追逐的境界。一个用得旧旧的帆布包，里面像哆啦A梦的口袋，能翻出任何孩子需要用的必需品。一杯美式不加糖或者红茶配脱脂奶，构成了中年妇女宣泄陪读苦力烦恼的出口。

陪读的形式总是大同小异，但内容各有千秋，有的冷门补习班更是让人顿生敬意，认为这真是一个有思想有内涵特立独行的中年妇女啊。这就起到了四两拨千斤的效果。

毕竟社会已经逐渐总结出了中年妇女的大分类：没出息的中年妇女都在打扮自己和买包包，而有出息的中年妇女早开始把能量用在了培养下一代上面。

[鸡汤]——

中年妇女半夜11点发个国金40楼俯拍夜景的加班图，第二天早上估计能收到20个赞。但如果一大早起来随便发个鸡汤文，瞬间就能有100多个赞。

鸡汤是价值观的最好佐证，更是压根没有价值观的中年妇女最好的刷存在感技能。

动不动会有中年妇女"给自己加油"。在朋友圈里扫荡，会看到很多无病呻吟的中年妇女把拇指和食指捏成一个心形，高度放大自己刚做的假睫毛和画好的法式指甲，配一句"每天都是新的开始，加油"的旁白，一碗完美的鸡汤端上了桌。

不知道加的什么油啊，我想说其实你加油和不加油差别真不大。

转发鸡汤帖也是中年妇女的大爱。两大阵营，被男人养着的喜欢说"女人要对自己好一点"，没男人养的就说"女人要独立"。嗯，这很鸡汤。

人到中年，最大的优势就是，怎么说都行，不分对错，只看利弊。

| 情绪动物 |——

中年危机不光男人有，女人爆发起危机来也是杠杠滴，绝不输人。

要说中年妇女到底与少女有什么不同，最大的不同就是脸皮厚了。少女们不敢怼的老司机，中年妇女拥有全套怼法，兵来将挡，动静相宜。

要是有一天中年妇女开始不怼你了，那是真的对你烦透了，连理都懒得理了，你心里要有点数。

现象级的中年妇女特征是：不耐烦，容易炸毛，爱哭，语气强硬，忠于自我。

一进电影院必哭是很多中年妇女的通病，哪怕是喜剧片，哭还不好意思让人看见。

看到感人的爱情故事，明明和自己半毛钱关系没有，都能替主人公掉几滴泪。

看到哪个庸脂俗粉不会教育熊孩子就莫名气愤，心想你家这熊孩子真是拖了我娃这代人的后腿。

看到三观歪的公众号和微博都恨不得写个论文怼死他，心里默念：你给我等着，我下班就怼你！下班后心里默念，你给我等着，我做完饭检查完孩子作业再来收拾你！全部消停下来，月黑风高，世界都开始睡觉，中年妇女拖着疲惫的虎背熊腰坐下来，一字一句地怼上了。

十三说

其实，无论哪个年龄段的女性，都渴望有存在感，被关注，被体谅，被爱护。中年妇女是角色转化最剧烈的一个年龄阶段，有了孩子后突然从"小公主"变成了"老母"，生活的重心移到了孩子身上。与此同时，处在尴尬年龄段的中年女性，在职场上处于前不着村后不着店的境地，在家里也是上有老下有小的处境，在社会上更多时候是以"XX妈妈"的身份出现。

所以"存在感"比较弱的中年女性，总是希望通过各种各样的方式刷存在感，体现自己的价值。与其在各个场景下拼命努力地刷存在感，倒不如寻找自己的舒适区。我经常会带一本书在咖啡馆坐着，在孩子下课前的一小会儿时间，看会儿书，想想心事，就觉得这一刻全世界我是中心，不用为任何人任何事承担责任，便也释放了一整天的压力。

　　所以，刷存在感不一定要获得谁的关注，也不需要跟什么人去比。只要找到自己的舒适区，争取多创造一些舒适区，你就会觉得生活对你也充满了恩赐，你获得的快乐也会越来越多。

3

用作业挽救婚姻的妈妈们

我不知道你们啊，反正在我家，有些事是有套路的。很多时候，像个正常人一样对话根本无济于事，得用"魔咒"。

比如，"这道题怎么做"就是一个魔咒。

只要我念出这个魔咒，孩子他爹就会以光速出现在我面前，并掏出随身携带的纸和笔开始了解题之路。

人家都说"孩子是爱情的结晶，是婚姻的纽带"。现在我终于明白，有了孩子，夫妻俩光为了给娃辅导功课就得重新回炉学习深造，哪有闲工夫干别的，自然也就少了摩擦多了默契，婚姻在大家抱团学习解题中呈现稳定的欣欣向荣状态。

孩子的作业才是婚姻的纽带。

我家孩子爹喜欢熬夜，经常半夜十二点还在摆弄他的电烙铁。跟他讲熬夜容易猝死，人家不怕；跟他说有事明天再做，人家不听。没办法，只能使出绝招——

我焚香沐浴，换上漂亮睡衣，放一段浪漫小曲儿，点上一支香薰……然后，随便找一道变态奥数题，大呼一声："这题怎么做啊？"

话音刚落，200斤的巨婴已经冲进来，安详地伏在床头，在幽幽昏黄灯光的笼罩下，呈现出那个熟悉的优美弧度，"一起动脑筋"的数学题被他捧在手心，如同抱着新婚的小媳妇，柔情似水，寸步难移。

别看已经人到中年，还常熬夜，半夜碰到数学题的时候从不会体力不支，大晚上做起数学题来，要多专注有多专注，要多持久有多持久。

有时候我们还会讨论，在激烈的分歧中产生灵魂碰撞的火花，就如同初见时小鹿乱撞的悸动。

尤其是翻阅资料到半夜一点多攻克难关后的喜悦，猪队友成了好战友，兄弟情更深了！

每次做完题，战友都会由于消耗了大量的脑细胞感到浑身乏力，基本马上就能甜甜入梦。

这样一来，就大大减少了我们因为"熬夜不睡觉"而产生的争吵，非常有利于家庭安定团结，还能增进彼此的同窗之情。

以前有人说，如果想留住一个男人就要留住他的胃。可是，这样只会养出一个猪队友。现在我发现，要留住一个男人就要善于给他找难题，养出一个百科题库，大家共同进步。

要想致富，少生孩子多做奥数。

办公室的大姐说，她家娃小时候，夫妻俩因为"谁管娃学习"这件事没少吵架，那时候的"管娃学习"就是检查作业做完没有，字有没有写歪，把惨不忍睹的考试卷子订正到面目全非，然后签字。

这一摊子烂事儿，最终落在了大姐身上。每次辅导完功课，她就恨得牙痒痒，想拿老公出气。

眼看夫妻感情出现大裂缝的时候，儿子上中学了，事情出现了转折。

语数外归妈妈，物化生归爸爸。慢慢地，连数学也辅导不了的妈妈，成功软硬兼施地把所有理科都踢给了爸爸。这样一来，家里经常出现一家三口憋在房间里啃难题的场面，时不时地夫妻俩要把儿子教育一通，要吼一起吼，要骂一起骂，荣辱与共，风雨同舟。

更大的转折出现在儿子读高中后，夫妻俩开始抱团取暖，一致对外了。

经常遭到儿子嘲笑的中年夫妻开始有了同病相怜之情。有天

孩子是爱情的结晶
作业是婚姻的纽带

晚上，夫妻二人秉烛夜读，在儿子睡觉后，他俩躲进卧室努力研究物理课本，围绕着用左手定则还是右手定则发生分歧，不料产生了激烈的争辩，竟把儿子吵醒了。儿子跑过来，不费吹灰之力，轻描淡写几个字就把他俩教会了，继续回去睡觉。

留下中年老夫妻二人风中凌乱，顾影自怜，心中感慨万千：儿大不中留，到头来还是我们老两口惺惺相惜啊！

两个文盲相互依偎，陷入沉思，钢铁情在这一刻融化沸腾，仿佛找回了初恋的感觉……

只要沉得住气，耐心等候，每段干枯乏味的中年婚姻都或将迎来美好的转机——遇到共同的敌人——作业。

有一次我儿子接到一项作业：要求全家一起做一份时事新闻板报＋一份自然学科小报和思维导图。在这听起来无比繁重的作业压力下，我和他爹义不容辞地分别担起担子。

只见书房里两个蓬头垢面的中年人，在儿子的指导以及不断否定和反复提意见的情况下伏案工作，一个台式电脑，一台笔记本，时不时还商量一下，做完初稿后彼此检阅，吹捧，适当提点建议，才敢交给儿子拍板，结果依然遭到了鄙视……

然后两个中年人彼此安慰，鼓励，继续战斗……

前阵子儿子参加学校科技节，要设计一个小发明，碰巧他爸爸出差，而我对这事无感，想让他放弃。晚上加班到很晚才回来的猪队友，一进门就被儿子拉进房间，研究"小发明"去参赛。

要说理工男的脑子就是跟我们不一样，三下五除二，想出一个主意，设计好方案，开始动手做，不到一小时，"自动气球充气机"就做好了……儿子第二天顺利"交作业"，后来还得了奖。

每到这种时刻我就忘记了猪队友曾经又懒又笨帮不上忙的毛病，开始觉得他聪明机智有责任心。

濒临灭绝的崇拜又开始冒芽，妥妥地挽救我那颗想离家出走的心。

当然，在我辅导下，儿子的作文和阅读理解以及英语听力水平飙升，也一定让猪队友重新以仰视女神的视角仰视了我。我说什么了吗，我骄傲了吗?

我一个朋友说，周日的下午，一家三口在公园里捡了一下午树叶，还拍了很多美照，一家人很久没这么其乐融融了，平时带娃总是要么爸爸带，要么妈妈带，三人一起玩的机会越来越少。

这一切都托了"作业"的福。

周末语文作业是——《秋天的树叶》综合实践活动，观察记录并写作文。要是没这作业，他们周末下午唯一的活动一定是娃在写作业，而她在补觉。

现在我发现，作业挽救婚姻的趋势已经越来越低龄化了。

幼儿园的手工作业，什么树叶画、南瓜灯、小兔子灯，都可以拉近距离，挽救爱情。

说白了，现在的小孩不像过去，只要承欢膝下，发嗲卖萌，讨父母喜爱就能加深家庭感情。现在的孩子都忙，哪有空管你们大人恩爱不恩爱？干脆丢一套作业给你们，也算举手之劳，是对你们的夫妻感情尽绵薄之力，再不行丢两套卷子，仁至义尽了。

夫妻这么多年了，谈花前月下，矫情；谈家长里短，俗气；谈国际时事，瞎操心；谈诗词歌赋，易冷场……什么都比不上共同探讨孩子的作业。

作业，既能增进夫妻感情，创造良好的家庭氛围，还能有效避孕，快速入眠，连梦话都高大上起来，绝对不会出现什么青霞、彦祖、四筒、八万、小金库密码……这类影响家庭和谐的声音。夫妻俩梦里都一心沉迷学习不能自拔，你一句勾股定理，我一个三角函数，连眼屎都闪耀着智慧的小渣渣。

每当解决了一道难题，夫妻俩仿佛找到初恋般的快感，平日里油腻的中年眼镜男竟也清新了几分，原本开始褪色的黄脸婆竟也曼妙了几许，情比钛合金还坚了几分，一直到下一道难题出现才能打破这加了粉红色滤镜的塑料夫妻情……

十三说

当婚姻中铺满一地鸡毛的时候，女人情绪暴躁，心情低沉，容易朝家人发火。特别是在遇到孩子学习问题的时候，一股无名怒火从天而降。有时候真希望孩子的作业再也不要让我管。但回头一想，如果连孩子的作业都不管了，可能只会让夫妻俩之间仅存的一点互相崇拜消失殆尽吧。

说真的，有时候看到孩子爸爸沉下心来给孩子研究一道难题的解题思路，想着法儿地用最好理解的方式教会他，我会由衷地欣赏他的耐心，从而对他的敬仰之情也跟着升华一点儿。孩子的作业有时候或许会是夫妻矛盾的导火索，但更多时候一定会是联系夫妻情感的铁索桥，牢固而可靠。

4

塑料友谊

晚上九点十分，夜幕低垂，万籁俱寂，名为诸如"塑料姐妹妈要奋斗"之类的微信群拉开了夜生活的序幕。在这个暧昧的时刻，当一部分人已经开始了性生活，另一些人才刚刚开始复活。

这个神奇的物种被称为四旬老母。

她们的寒暄方式不是"你吃了吗"，不是"你睡了吗"，而是"你吼了吗"。

不吼不足以平民愤，不吼不足以谈人生。

这可能是一个陪读妈的日常人生缩影，陪作业，陪订正，陪复习，陪练琴，陪洗脑……几乎每个晚上，她们都会经历一个普通人可能需要花十几年才能完成的情绪波动抛物线：

极其平静—略有波澜—激情咆哮—自我控制—反复咆哮—反

复控制—失去控制—反复失去控制—怀疑人生—自我安抚—空气突然安静……

在"冷静点不要吼"和"不吼不可能"的博弈中，内心的两个小人已经吓得躲起来了。一个说："我看这次又是在吼难逃。"另一个说："是啊是啊。"

直到一场场如浩劫般的战役结束，敌军与猪队友们都洗洗睡了，她们又重新燃起了生的欲望。

以四旬老母为中坚力量的微信群，充满了人间烟火气，这烟火如同一个盾牌，杜绝一切"还不够资格"的同类接近。

老母亲界的潜规则大致是这样的：不到三十岁的都被称作"二十多岁"，一过三十岁的都叫"奔四老母"。

奔四老母是不带二十多岁老母玩的，没孩子的更不待见。

这是一条很明显的暗物质鄙视链：你们的历练还差得远，我们没有共同语言，你尚不能跟我们抗衡。

至少在谈到"吼娃"的时候，能抖得出干货。这是入门许可。

社交圈的局限性在中年妇女身上体现得尤为明显，她们根据不同的磁场来判断情感嫁接的深度。

比如：

如果大家都有娃，那么我们就算有缘。同是天涯沦落人，相逢何必曾相识。

如果大家的娃年龄相仿且都比较难带，那么我们能成为好友。恼乱横波秋一寸，斜阳只与黄昏近。

如果大家吼娃的技法相似，内伤相近，则有望成为知己。烟姿最与章台近，冉冉千丝谁结恨。

但如果你没有娃，哼哼，你有权保持沉默，但你说的每句话都将成为刺激我的凶器，并将很难获得我的原谅。

因此，多数情况下，四旬老母交朋友不看她好不好看，有没有钱，只看她是不是一个战壕里的战友。

很难想象，一个没有孩子的女人，如何能在晚上融入到一个以老母亲为主的微信群里尬聊。

她可能先是一个人唱独角戏："大家最近看什么网剧啊，推荐一下？""大家有什么好的吃夜宵的地方吗，推荐一下？""你们觉得阔腿裤和小脚裤哪种显瘦啊？"……

群里将会是一片死寂。

此时各位妈妈正在"工作"，后台的一幕幕悬疑谍战陪娃大戏正在上演，还没人顾得上来怼你这个可以自由享受夜晚时光的咸蛋女子。

不出意外的话，这位尬聊的姑娘在群里很快就没朋友了，友谊就是这么瓦解的。

四旬老母之间的友谊，是塑料的。

她们非常容易拜把子，也非常容易崩裂。

拜把子的可能性非常多，比如各自的孩子拥有一样的毛病：

"唉，我儿子就是拖泥带水，在房间里磨蹭一个多小时，作业才动了几个字，气死我了！"

"哎哟，一样一样的，我儿子也是！"

"唉，我儿子就知道玩，要买这个玩具那个玩具，就是读书没心思！"

"哎哟，一样一样的，我儿子也是！"

"唉，我儿子都快二年级了，拼音还没一次全写对的！"

"哎哟，一样一样的，我儿子也是！"

可以了，马上拜把子吧，你们一定是前世约好了的难姐难妹，相约在今生一起来渡这场劫的。

你们将会有无穷无尽的共同语言，你们的下半生不如一起结伴同行。不管三观有多不合，也不管生活习性差异多大，只要你们的娃拥有一模一样的缺陷，你们就是最配的。

不用担心朋友会多到顾不过来，因为很快，一些四旬老母之间的塑料友谊就会灭亡。

"唉，我女儿一点都不自觉，我不盯着，她就不知道去练琴。"

"哎哟，我女儿倒不用我管，自己很主动，做完功课就练琴。"

"唉，老师又给我发微信来告状了，说我儿子上课总是开小差。"

"哎哟，是哇，我们老师给我发微信倒基本都是表扬孩子的。"

快住嘴吧，这样的话还是分手比较好。

不管你们曾经拥有多么坚贞的情谊，你们未来的路还是各自珍重吧，因为你们的娃不一样啊，娃都不一样了，人生能一样吗？

如果要强迫自己和对方尴尬地留在一起，今后的话题永远都像是一个站在精神的高地被孤独的西北风包裹，另一个被陷在精神的洼地心里咒骂了一万遍。

强扭的瓜不甜，早分早好。

土崩瓦解的塑料妈友谊，会随着年龄的增长而日见增多。

你会发现友谊崩盘的规律：

先是不和没孩子的姐妹一起玩了。

然后是不和孩子不在一个年龄层的姐妹玩了。

接着是不和不同梯队学校的孩子妈们玩了。

最高阶段，不知道从哪儿冒出来的各种不同教育理念的小姐妹之间，互成陌路……

若干年前我们四个大校花 ABCD（我是 A），每年都有两次远途"姐妹之旅"，平时动不动吃喝玩乐更是数不尽。后来我和 C 同时有了宝宝，于是非常自然地，B 和 D 成了我们眼中一对招人恨的野生自由主义者。

我们两个有娃的已经没办法和那两个没娃的一起活动，她们要去的地方，一看就不是属于奶瓶和尿片的。

我们两位老母亲一碰面就是小儿湿疹头孢克洛手足口病撕不烂书和择校，而另外两位还沉醉在折扣店演唱会自驾游跳伞和民宿……

一个名存实亡的小姐妹组织，还在硬撑，除了能一起吃点饭，感情已经基本破灭。

但是风水轮流转，B 也很不争气地当了妈，我们的队伍壮大了。后来的几年，她沉迷于进口奶粉、痱子粉、药粉，曾经的金粉校花已经彻底堕落。

看我们一个个活色生香，为了不被抛弃，D 终于也当了妈……

濒临灭亡的友谊再一次死灰复燃，我们四个披头散发灰头土脸的四旬老母的感情得到了不断升华，誓与日月同辉。

事实告诉我们，一个小姐妹组织要想保持长久和扎实的友谊，秘诀就是：要么都别生，要么一起生。

但这只是基础，复杂的友谊考验还在后面。

举个例子，一对四旬老母，一个很懒，一个很鸡血，友谊能长久吗？

试想一下，每次见面怎么尬聊。

鸡血的那个："怎么办啊，我们才读了一门奥数一门英语一门围棋一门书法，怎么拼得过别人啊？"

懒的那个："……你家娃这么苦呵呵的，厉害。"

鸡血的那个："我们家门口的菜场小学可不能上啊，为了择校我还得再给我娃加点课，他现在还有两个晚上是空着的。"

懒的那个："……好变态辛苦啊。"

鸡血的那个："你们最近在做什么课外习题？我给你看我刚买的 XX 学校内部高级自测卷，这个得天天做，刷题海，否则绝对不行。"

懒的那个："……这个是不是有点太难了，神经病了吧。"

几个回合下来，基本没有未来了。一段情不得不先雪藏起来，看以后有没有机会解冻。

更微妙一点的友谊裂缝也有。比如两个四旬老母，一个拼民办，一个混公办，这段友谊也是会渐冻的。

拼民办的："怎么能去上公办呢，公办什么都不学，你不是耽误了孩子嘛。"

混公办的："民办不就是拔苗助长吗，公办快乐教育，孩子快乐第一呀。"

拼民办的："你上公办，以后升学根本没有竞争力呀。"

混公办的："你上民办，天天把孩子逼得快傻了，也不一定好啊。"

拼民办的："不上民办就没有出路。"

混公办的："是金子在公办也发光。"

"哼！"

于是，民办的那个以后会认识新的朋友，就是和她一样把民办奉为神明的老母亲们；公办的也会有新的朋友，就是跟她一样不喜欢鸡血的老母亲们。

道不同，塑料的友谊四分五裂。

一个合格的四旬老母结交朋友的方式，一定是和自己的娃绑定在一起的。除此之外，如果还有挚交，那一定是真爱。而任何一段表面上看起来风平浪静、内心却汹涌澎湃的塑料友谊，都会成为四旬老母墙上的蚊子血，心头的朱砂痣。

有一次去北京出差，一边工作一边见见朋友。为了见朋友，我是洗了头的。为了不辜负洗头，我还化了妆。为了不枉费这一番心机，我特意多约了几拨人，赶场般地会见，以免浪费了我的心血，否则就如同被丢弃在深渊里的寂寥，是孤芳自赏无人问津的酸楚……

对一个中年妇女来说，洗头化妆认真打扮过之后，是一定要好好珍惜的，因为难得，不容浪费。

世上没有懒女人，就看她愿不愿意为见你勤快起来。

我早就说了，中年妇女与这个世界的关系分三种：

（1）不洗头能见的；

（2）洗头才能见的；

（3）洗了头也不想见的。

随着时间的流逝和娃的作业与考试逐渐增多，我们现在与世界的关系也在发生变化，逐渐变成只剩下两种：

（1）不想洗头也不想见人；

（2）除非我有 5000 元以上的高级卷发棒才有动力。

所以，中年妇女的现实和懒惰，不是那些只洗个刘海就出来玩的年轻女孩可以明白的。

她们的心愿是打扮得美美的出去 happy，我们的心愿是老公带着娃打扮得美美的出去 happy，好让我在家静静……

所以，能认真把自己打扮一下出来见人，我是有诚意的。

然而我猜中了开头，却没有猜中结尾。

在北京约的中年老母朋友们，每一个匆匆忙忙赶过来的，都不修边幅，弄得我很突兀地独自美丽，就像一个油画里逃出来的怪物，打扮得花枝招展，跟几个挖掘机上刚干完活下来的女人一起探索人生……

她们微笑着说："神经病啊，我们不要面子的啊！你今天真美。"

但这依然是很有满足感的一件事，大家对我表达出了不约而同的羡慕：

你好开心啊，一个人出差。

你真爽啊，可以跑出来玩几天。

好羡慕你啊，我还得加班和带娃。

啊啊啊啊啊！我也想出差！

出差成了好多中年妇女梦寐以求的事，哪怕她们不知道我是躲在酒店里赶工，或是战战兢兢地跟客户谈事，或是紧锣密鼓地安排行程……

但至少表面看来，我是一个出差的中年妇女，人生赢家啊。

几天里和好几个中年妇女朋友匆匆一面，接着她们赶回去带娃的、加班的、照顾病中老人的，纷纷说走就走，抛下了我这个自由散漫、暂时不用管一切家事的幸福女人……

塑料友谊小而美，不长留。中年妇女的一切相逢离别，全都听天由命。

能在一个普通的忙碌日子里突然和老朋友相约，这是很多中年妇女的小确幸。

现在对我们来说，真正放松和满足的时刻太稀缺了，平时跟老公卿卿我我凑合着过，跟孩子母子情深大吼大叫，都比不上和一个同样处境的同龄妇女一起坐一会儿，互相说说自己的倒霉事，好让对方开心开心。

前天晚上和一个几年未见的老朋友吃饭，一顿饭大概一个多小时的时间，她接了儿子打来的五个电话，多数也就是一些废话，问妈妈几点回家。

每接完一个电话，她就开始絮叨老公："猪队友明明就在家，儿子还当他是透明的，啥事都要找我，每次出门要打一百个电话给我问这问那……"

这场面太熟悉了，娃千好万好都是"妈妈培养的"，娃干了什么烦人的事都是因为"他爹无能"。

这也可以理解，娃是自己生的，老公是别人生的。

这一顿饭让我负罪感满满，感觉就像恶意抢走了人家的妈，赶快催她早点儿回家，一肚子还没聊完的话，且等下次吧。

还能等下次的，都是铁打的情谊，不会被一个娃轻易摧毁，经得起风吹雨打和经年累月的等待。

下一次的约会到底是什么情形，还得看大家的娃和老公是不是争气……

所谓听天由命，真是老天赋予中年妇女家属们的莫大权利啊。

平时三五好友想约个下午茶是越来越难了，周末比上班还忙，好不容易聚在一起，开场白（吐槽仪式）还没尽兴，已经有人要走。

每次总有人气得不行："走吧走吧，下次不带你玩了。"

可是下次还是得带她玩，否则怎么办呢，到这把年纪上哪去找新欢？

毕竟中年妇女交友太难了，要考核价值观、审美观、爱情观；夫妻间喜欢秀恩爱的和夫妻间已经纯友谊的不能互诉衷肠；喜欢鸡娃的和擅长放养的没有共同语言；有娃的和没娃的更是绝对无法一起聊天……

排除各种不匹配的，剩下的真不多了。虽然能不能愉快玩耍全都听天由命，但却能在一起长长久久，没法时常见面，甚至用手机聊天都不多，但想找人喝一杯聊聊的时候总能想到对方，不用怕七年之痒，更不会变心和劈腿……

这样的友谊虽然看起来脆弱，但也是世间最坚固和不会互相伤害的感情了。

儿子小学毕业前夕，相亲相爱了五年的几位同班老母一起吃了顿饭。

老规矩，沿用"中年老母维系友谊的核心"——各自黑老公＋彼此夸孩子，一通流程走完之后，神清气爽。但这次氛围有点不一样。

我们中的"大姐大"说："下一顿能聚齐我们所有人的饭局，也不知要等到猴年马月了。"

其他人说："怎么会，想聚随时聚呀！"

大姐大说："你见过有了新男友之后还能和前男友随时聚的吗？"……

还真有道理啊，女人之间的友谊，真的比谈恋爱更复杂。

等大家的娃进了新的学校各奔前程，妈妈们也就跟着娃晋级了，有了新的社交圈。

为了融入新圈子，就要学会断舍离。

大家也不是第一次晋级了，多少有点经验。

记得儿子幼儿园毕业时，相处了三年的老母亲们也是难舍难分，毕竟我们可是一起做过灯笼、包过粽子、演过狼外婆、跳过南瓜舞，一起装疯卖傻，共同抱团取暖了整整三年的好姐妹啊！当时满怀信心，觉得山无棱天地合才敢与君绝。

结果没过几天就山无棱天地合了。

自从进入不同风格的学校，开始演化出傻呆萌和鸡血妈两种截然不同的中年妇女类别之后，友谊就开始徒有其表了。

“下周六有个儿童话剧，要不要带娃一起去？”

“不行啊，我们有数学课、英语阅读课和作文课，还要去同学家一起准备科技节的飞机。”

“下周日一起吃个饭？”

“不行啊，下周日学校艺术团要排练，而且晚上已经和同学约好了一起看电影。”

唉，人一旦变心，是骡子是马都拉不回。

当年陪人家看月亮的时候，约什么都有空；如今新人胜旧人了，吃个饭都凑不齐……

娃有了新的圈子，塑料老母姐妹花也立马跟着无缝转移。至于之前的旧爱嘛，朋友圈可以点点赞，群里也能吐吐槽，但要想和以前一样隔三差五约会相聚，难度有点大。

新勾搭上的一众老母，彼此习性还没摸透，各自的孩子还没对上号，得花大力气钻研啊，哪有空跟旧爱缠绵？

每一个毕业班背后的女人，伴随着孩子一升学，就相当于给自己换了个男朋友。

吴彦祖固然挺好，但你现在和彭于晏在一起了，怎么，嘴上还老挂着吴彦祖，神经病啊，彭于晏不要面子的啊！

有良知的爱情，是同一时期内只能爱一个人。

有良知的老母，是同一时期内只能选择和一拨老母情比金坚。

而我们的交友首选，是没得选，因为一定肯定必定是娃来决定的。

娃和谁在一起，我们就和谁的妈在一起。

娃跟谁有交集，我们就和谁的妈白首不分离。

每年毕业季和开学季，四面八方的老母都怀着忐忑的心情，开启人生新篇章。新一轮的周末陪读浪潮，新一轮的人生亲密战友，一切都在更迭。在这个更迭的转折点上，又总免不了回忆过往。

多年来，老母之间这铁打的友谊又岂在朝朝暮暮。

每天晚上吼娃运动结束后，只有在老母群里才能寻得一丝宽慰；

找不到红领巾、作业本失踪时，也只有老母群能瞬间解决尴尬；

每一次考试前，只有老母群才是抱团取暖、消除焦虑的港湾；

每一次考试之后，只有在老母群里能找到同病相怜的战友。

孩子再熊，总能在老母群里找到更熊的，从而获得身心的真正平静与释怀。

只有老母才能真正伸出援手，解救濒临绝望的中年妇女，把神叨叨的姐妹们从崩溃边缘往回拉一把。

你一定会觉得，嗯，这钢铁般的友谊，天长地久，熠熠生辉，其硬度恐怕仅次于我和云配偶之间的友谊了吧。

对不起，你的小孩毕业过吗？

一场毕业，足以让数以百万计的钢铁姐妹情瞬间化为春泥，融化在大江南北；那些坚毅一些的可能退化成塑料友谊，未来还能坚持多久，全看造化。

在一场场土崩瓦解、名存实亡的塑料友谊中，总是有一些规律可循的：

上了幼儿园的，不和没上幼儿园的妈妈玩了——她们只知道吃喝玩乐，而我们幼儿园妈妈之间的真挚友谊，体现在手工材料共享和娃娃亲直接取号排队上。

上了小学的，不和幼儿园的妈妈玩了——她们只会聊幼稚可笑的东西；而我们小学妈妈们谈论的都是补习机构哪家强，择校策略谁更懂。不光有高瞻远瞩的战略，还要着眼于当下每一天，互相讨论作业，研究各类活动。

上了中学的，不和小学的妈妈玩了——她们还停留在闹着玩的成长阶段；而我们中学的妈妈才是真正的幕后联盟，反正已经看不懂娃学的啥，我们要对付的是更高一级的情怀，当更年期遇上青春期，了解一下？

到了更高年级，学霸妈妈只和学霸妈妈玩——建个小群分享招考信息，探究冲刺补习，高大上的一对二、一对多名师辅导，一声呼唤立马成团，随时在身边同舟共济的好姐妹，只有冲刺班的妈妈们。

过去感情很深的老母团，在各自的孩子分道扬镳之后，彼此之间讨论的话题也瞬间降级了。

过去聊的全是围绕伟大的教育事业——小到"今天作业是啥"，大到"未来20年国家需要哪方面人才（我就送娃去学哪个技能）"，从简单的个人情感上升到了伟大的育人战略，多么崇高。

换了圈子以后怎么聊？没有共同语言啊！我说我们学校某个学霸多厉害，你说你们学校老师长得多漂亮，然后呢？

打扰了，告辞！

但我们依然要彼此理解。其实大家越来越没空，那是真的，不是托词。

因为大家不得不去和新团体联络感情嘛，不得不为新的集体做贡献嘛，不得不积极参与新的交流嘛，甚至连我家爸爸，也不得不认识新的爸爸，互道相见恨晚嘛！

不过相见恨晚之后用不了几年，大家又要互道珍重了。

大浪淘沙，人生总是要在不同地方上车，又下车，总有一些人能在某一段时期内，成为我们精神的寄托，仿佛找到了灵魂深处的另一个自己，能让我们感到踏实和彼此被照顾。真正经得起时间冲刷的虽然不多，但还是有的。

对于这些娃都已经散伙了却还彼此保存着那份珍贵情谊的姐

妹，我们一定要珍惜。

即使不靠娃牵连，依然能长久凝聚，这海枯石烂不分离的纯洁友谊可不能消失，否则未来我们找不到伙伴一起去跳广场舞，那也是很没面子的。

十三说

女人往往会觉得"只有女人才最懂女人"，也正因为如此，女人之间的友谊才会那么微妙。它和爱情不一样，爱情的美妙之处在于很多时候是靠"猜"的，去揣测对方的小心思，猜一下对方心中的自己是什么样的，那种小情趣会增加彼此的爱。而"最懂女人的女人"之间，一切都是赤裸裸的，不需要猜，反而是一切都洞悉明了，却不说破。

这就是女人之间友谊的绝妙之处，既温暖，又冷酷。而有了孩子的妈妈们之间的情感，更是取决于孩子。年纪越大，越喜欢做减法的女人，随着带孩子的生活越来越琐碎辛劳，于是只想用最简单的方式，维系最有效的友谊。

这是一种向生活妥协的方式，更是一种让自己更舒适的方式。这不是狡诈和敷衍，不是不负责任，是彼此都心知肚明，却又甘之如饴的处世智慧。

5

我们的目标是：不输给亲家

我妈和我婆婆首次会晤的场景非常感人。

婆婆说："我儿子从小没生过病。"我妈也不示弱："我女儿从小也是白白胖胖特别结实！"

婆婆说："我这个傻儿子太老实，做事太规矩。"我妈紧随其后："我家这个傻闺女也太实在，一点心眼都没有。"

两个回合下来，势均力敌。

后半场我妈先开始补充，这次侧重诗和远方："我女儿也没什么特别的爱好，就是平时玩玩十来种乐器……"

婆婆一时有些慌乱，但又不得不接下联，于是她说："我儿子动手能力很强，家里所有的家用电器，他全会修！"

简直完美，珠联璧合。

你看，过去的亲家之间，不动声色地就把要点给谈拢了。

到了我们这一代，就没这么简单粗暴高效了，以后我们考察亲家的底细，那得复杂得多，而且周期长。

以前我们幼儿园里有一对"小金童玉女"，大家经常开玩笑说这俩孩子是天生一对，两小无猜。后来女孩上了某民办牛校，男孩读了对口公办学校，没过几年，"牛校的金枝玉叶"和"公办的散养野小子"形同陌路，女孩妈妈明确表态："我女儿现在班里的男学霸和我们才是一对金童玉女……"

天啊，那是我第一次明白什么叫阶层。

想想是可以理解的，牛校的金枝玉叶每周学奥数英语，插空学钢琴长笛芭蕾舞中国画，手握二十多张奖状证书，如同鸡血里泡大的一枝花，爹妈觉得砸了这么多心血培养出来的小公主，怎么会甘心止步于那些没怎么被投资过的普通娃？

大数据说，未来中国将有超过 3000 万的剩男，如果以后相亲需要先填表，第一项估计就让写幼儿园和小学名字。

第一轮就能刷掉 1000 万，这 1000 万剩男发现大家居然都是校友，分别来自菜场幼儿园、菜场小学、菜场中学……

第一轮刷完后，第二轮也是千军万马过独木桥。

去公园相亲角挂牌的时候，履历必须丰富且细致，从小到大上过的补习班、学过的课外知识、参加过的竞赛、得过的奖杯，旅行过的国家，参加过的夏令营，全写上！

到那时候万一大家实力相持不下，想要脱颖而出，还必须有点与众不同的招式。

比如别的孩子履历都一水的语数外，你冲出来说："姑娘，看看我儿子，我们还有康德的理论哲学＋当代美学研究与应用结业证明……"

别人都是只学过足球篮球棒球橄榄球，你冲出来说："姑娘，看看我儿子，我们还有太极气功和降龙十八掌十级证书……"

未来的相亲根本不是相亲，那是集招生、招聘和答辩于一体的大型人才引进面试大会！

你从小给孩子投资的钱和精力，决定了未来亲家审视你的角度。

这届爹妈难当，主要难在想得太多。

我有一个男性朋友，是个资深 HR，他经常给我们讲"补习班风景线"。每周有两天他会带着自己的女儿去上补习班，他就在门口坐等，闲来无聊他就会观察那些陪读的妈妈，观察久了就搞出了一些大数据分析。

"有些妈妈不修边幅，面无表情，神情颓废，送孩子进去上课后，她就呆坐在教室门口干等，刷刷手机，发发呆，直到孩子下课。这样的亲家不行，因为她们没有自己的生活，全身心都在孩子身上，将来娃结了婚，她们也会黏着孩子，那不是给小两口添乱嘛！"

"还有种妈妈花枝招展的，把娃往教室里一丢就消失了，临下课再赶来接娃，手里拎着大包小包，一看就是玩心很重＋特别重视自己。这样的亲家也不好，因为她们太要享受，以后孩子有能力了她们就会依赖孩子帮她找乐子，而且会很作。"

这届家长早熟，从小就开始为未来亲家打造画像了。虽然有点夸张，但却不无道理，我们这一代家长比上一代家长更有"分层"概念，所谓的门当户对，在如今看来，是更难了。

比如同样是受过高等教育、有着不错的工作、收入水平相当、家境相差无几的两家人，生活品质和习惯却可能有天壤之别。看起来是门户相当，但骨子里却是大相径庭。

用海蓝之谜长大的婆婆，和用大宝长大的婆婆，气质上是不是有明显的不同？

前者可能会在儿媳妇出国时列张代购清单，还能详细说出去哪个机场的哪个柜台找小李买哪个牌子的多少毫升装的面霜，婆媳二人在这方面共同话题很多；

而后者呢，可能会因为儿媳妇买了两个颜色差不多的口红而焦虑，千回百转地教育她不要乱花钱……

看韩剧长大的岳母和看宫斗剧长大的岳母，气质上也很不同。

韩剧控的岳母总觉得女婿不够英俊不够暖不够霸道，就是有点配不上自己的女儿；

而宫斗剧控的岳母呢，总是觉得自己女儿需要得到更多的主控权，才不会在亲家那里受到不公正对待……

玩《王者荣耀》长大的岳父，和看四大名著每天刷奥数题长大的岳父，气质上肯定不一样。

前者初次见面可能就约女婿来一局；

后者上来先问："小伙子，你数理化能辅导到几年级？"……

另外还有些小细节，比如——

有六块腹肌的爸爸 vs 只有一块腹肌的爸爸……

有头发的老父亲 vs 没头发的老父亲……

裹着丝巾站在向日葵地里拍照的老母 vs 捧着红酒杯坐在沙龙里拍照的老母……

假如未来你一不能唱二不能跳，就连 PK 个广场舞，都难有露头的机会，这将直接侧面影响你孩子找对象的延展性。

神经病啊，你家孩子不要面子的啊！

敢对自己下多大的狠手，舍得给自己投多大的资，决定了未来亲家审视你的高度。

我的儿子，起初我很想把他培养成一个暖男。

在他三岁之前我觉得这很有希望，他会用一只手抚摸我的脸蛋，另一只手抠鼻孔，然后双手交换，抠另一个鼻孔。他的眼神专注而深情，温暖极了，我在想：将来到底哪位幸运的女孩能嫁给我这个儿子啊。

在五岁的时候，他在万圣节把做好的南瓜灯扣到我头上，说："我才不和你玩这么幼稚的东西。"看着他冷漠的表情，我心想："这个男人好酷啊，不知将来哪个幸运的女孩能获得我儿的垂怜。"

他七岁那年，我出差时跟他视频，问他想不想我，他说还行，然后我们彼此就没什么话题了。好吧，我知道，我们的七年之痒已到，从那之后我没有什么小暖男。

往后的岁月，我都是在为别的女人培养老公。

一想到这，就开始妒忌我未来的亲家，嫉妒到肝儿颤。

微信群里聊起未来找对象的复杂性，有位爸爸说，我家闺女没别的好，就一条，颜值过关。

我就笑了。都9012年了，颜值能当饭吃吗？

哪天你带着闺女去相亲，人家男方说我家儿子本硕连读，国外留学刚回来，年薪几十万加；又或是我家儿子根红苗正，五道口理工学院毕业，身怀某某证书，正是稀缺人才。然后你呢，去跟人家说，我家女儿没别的，就是好看。

人家一定当你是神经病。

我常在想，等我儿子把女朋友带来家里，一进门看到我刚临摹好的梵·高还在阳台晾干，而我正在琴房里弹着肖邦的夜曲打发下午懒散时光……

他俩以为我要附庸风雅，突然我端出上午刚做好的手工蔓越莓曲奇配手冲埃塞俄比亚咖啡，并给这姑娘推荐起了米兰时装周刚红起来的破洞牛仔阔腿裤……

我云淡风轻地告诉她："我老年大学里希伯来语班的同班同学是个有名的设计师，下周我请她帮你定做一套吧！"

儿媳妇不在意这些，她说从小是看着我的公众号长大的，如果我能送她一套工具箱，比什么都实惠。

下一届妇女，应该是更爷们儿了？

梦中我露出了甜美的微笑……未来可期。

一个朋友说："我妈说女孩要富养，我从小穿最好的衣服去最贵的游乐园，一直到自己打工挣钱才发现我好穷，富养也没让我变富。"

另一个朋友说："不能这么说，女孩还是应该富养的，我对我女儿也富养。"

"哦？怎么个富养法？"

"我女儿报的课都是一对一。"

旁边男娃的妈妈，瞬间不自觉地躲闪了下目光。虽然两人已经早就半真半假地定了娃娃亲，但此刻她估计是捏了把汗：

亲家都一对一了，我们还在上30人大课。输了输了！又输一局！

哎，这年头，当妈太不容易了，不仅要与时俱进，跟上节奏，还要不断地实现高难度进阶。

追赶亲家的路上，只有想不到，没有做不到。

本来以为不输给亲家只需要好好培养孩子，顺便培养一下自己就够了，没想到现在"培养娃的手法"在不断推陈出新，简直追不上。

我跟着你们上了乐高兴趣班，结果你们又去上乐高编程班了。

我跟着你们报了芭蕾舞课，结果你们又去报芭蕾舞音乐剧课了。

我跟着你们去了著名补习机构，结果你们……你们回家去一对一了……

亲家套路深，我要回农村。

也许未来孩子们找对象自报家门时，亲家双方不光要看对方从小上的公立还是民办，也不光要看报了多少兴趣班，茶余饭后的谈资还得增加一些猛料。

当别的孩子都是"从小被吓大的"和"从小被打大的"，你家孩子从容地站起来："您好，我是从小一对一补大的，谢谢。"

直接就晋级了。

当别的亲家还在秀着自己跟娃一起上了多少课，一起学了多少新知识，提高了多少新技能的时候，你噌噌噌地翻出朋友圈里秀过的和各种名师的合影。

这都是与名师一对一辅导过程中结下的伟大友谊，尽管它始于金钱，终于金钱，换来的却是全家身价倍增的强力背书，多划算啊！

人民生活水平有没有提升，有一个很重要的参考指标——

只要看晚上或周末，灯火通明的千家万户，坐在孩子身边的那个人是爹妈，还是老师。

有越来越多的孩子，独享一对一上门授课，点对点服务，贵族式辅导！

以前整个一栋楼里此起彼伏的都是爹妈歇斯底里的吼叫："这题老师没讲吗？你怎么还不会做？你问我……你问我……我问谁啊！"

现在家家户户和谐温馨，爹妈支付宝咻咻咻一刷，润物细无声。

就算到各大补习机构里去看看，也会发现这里的消费在默默升级。

一对一的小屋里分别传出数学、英语、物理，不同的声音，轮番洗礼着一个马上中考的孩子。

三个辅导老师轮流独家辅导，家长的感觉那叫一个酸爽，就好像中、日、泰三国高级技师分别用独门手法给你来了一次全套马杀鸡，厉不厉害，开不开心？

尤其是几十人大课的家长憋屈地坐在门口汗流浃背地等娃下课时，VIP家长路过的时候一定要抬头挺胸收腹撅屁股，走路带风，气场跟上。

反正那些人，将来都不是你亲家。

以前是女孩要富养，男孩要穷养。

都9012年了，观念必须转变，现在尢论男女，一对一家教起步，贵族款特长傍身。

那些一对一的老师有望成为未来最热门的红娘——"子轩妈妈，我还有一个一对一辅导的孩子，骨骼清奇，器宇不凡，我看跟您家孩子很登对呢！"

肥水不流外人田，大家都是一对一补大的，富养的孩子门当户对啊！

以后见了亲家，见面礼别什么脑白金脑黄金，直接掏出一张知名大机构特级教师VIP终身一对一白金卡，存了30万课时的那种。

此卡一出，蓬荜生辉。

连给孙子预存的"富三代"基金都兑现了。

我一个朋友的儿子还在幼儿园，跟同班的小萝莉很要好，朋友就给女孩妈妈各种拍胸脯定亲，人家几乎毫无波澜。

　　后来自打她儿子每周一对一外教并有一个名家书法老师时，女孩的妈妈热情起来了。

　　按照我朋友的解读："也许是她对我的看法变了，从暴发户变成了书香世家？"

　　我想来想去，不明白亲家们之间比的到底是什么。可能是比谁在孩子身上走的冤枉路多一点吧。毕竟老母们总觉得"花更多心血养大的那个孩子，似乎才配得上我的孩子"……

　　好怀念我们过去那个纯真年代，管他富养穷养，会喘气能工作就是成功。

　　我和老公恋爱时，婆婆给我讲得最多的是他小时候走路撞树上、骑车摔河里的故事，我不但没觉得他是个智障，反而觉得"哇，这个男人这么命大一定能罩着我"。

　　但现在我确实有点后悔当初没有详细问一下婆婆"他数理化能辅导到几年级"。

　　未来的亲家们可就有了把关小技巧了，不但要挑自己学习好的，还要挑能辅导别人学习的。

　　我看，过不了几年，当亲家们没什么好比的了之后，可能就是一阵考证大比拼，学过临床儿童心理学的以及教育心理学的，才是将来婚恋市场的王者。

如果来得及，各位亲家现在努力拼搏一下，再拼个教师证出来，又能给孩子加分。

虽然各路亲家套路深，但谁也阻挡不了老母们不甘落后的野心，提高自己才是王道，和人比终将被套牢。

千万别为了眼前的一小块绿，错失了整片森林。

没有套路的亲家才是最好的亲家。

十三说

我们小区里好几对定下了"娃娃亲"的家庭，虽然嘴上说着都是玩笑话，可大家都有一点小期待——和我定了娃娃亲的那家，最好能从小好好培养我未来的女婿／儿媳妇，让他／她更出色更优秀，才配得上我的孩子啊。

妈妈们对生活的憧憬，有很大一部分落在孩子的未来上。如今的很多中年女性不光希望孩子学业有成、工作顺利、赚钱多、身体好，甚至已经在替孩子考虑未来的终身大事，择偶路默默地在老母手中打好了地基。

可怜天下父母心，但这也不失为调节老母们焦虑内心的一种方式，是让大家在生活压力之下得以喘息的小确幸。

6

悄悄吃土的中年女土豪

　　一个朋友搞定了公司大项目，被升职加薪，还奖励了一笔奖金。她在各个群发红包，并表示：我感觉自己全面实现了小康，下周请大家吃大餐！

　　还没等到下周，她又通知我们：大餐延期吧，我刚给大女儿报了个英语班，交了两年学费；又给小儿子报了个托幼衔接班，号称有世界一流的感统训练和智力开发，教材和训练包还要另付钱……

　　大妹子，你只是发了一笔小奖金而已，要不要搞得好像自己捡到了矿一样啊！

　　中年人在娃身上一掷千金眼都不眨，都是土豪。耍帅完毕，连一顿大餐也请不起了……

白天暴发户，晚上就可能沦为困难户。手上但凡攥着点钱，就在脱贫的边缘反复试探，最终总是以失败告终……一切都取决于一念之差——比如又给娃报了个班。

那些天天迎来送往的兴趣班、补习班，以为自己手底下带着一群小富二代，殊不知这群娃的爹妈为了给你们交个学费，可能又多吃了好几个月的泡饭榨菜。

话说回来，榨菜也得省着点。你知道吗，少吃八包榨菜就能省出一套《五年高考三年模拟》，刺不刺激？！

很多中年人，存款是贫困户级别的，账户里的流水是土豪级别的。

永远不要被一个外表看起来勤俭持家的中年人给骗了，他穿着50多块的超市款汗衫，用的帆布袋子是36块买大送小的，人家喝星巴克他只喝菊花茶，但他会在一天之内随手按几个确认键，就能顶你大半年的大额开销总和乘以二。

这些开销说出来，单身的人也许听都听不懂：大语文、奥精班、物竞班……

还有更厉害的所谓"素鸡"班，什么钢琴长笛黑管，素描油画雕塑，击剑马术棒球……

中年人多有钱，只有兴趣班老师最清楚。

昨天一个朋友在微信里说：

小树

我同事78年单身，跟我说年纪大了要少而精，身上穿戴不低于四位数。我看看自己全部加起来不足四位数。但是我想到我给孩子寒假春季连报的课程5位数不带眨眼的 我心里又骄傲起来

精致的单身小姐姐真的可以随时随地"对自己好一点"，而有娃的老母亲可以随时随地"对自己狠一点"。

殊途同归：你实现了 LA MER 自由，我实现了补习班自由。

大家和谐共处，平等自由，区别仅在于结果：前者变精致了，后者变精神了，或者神经了。

人到中年，贫富差距就是这么拉开来的，不是取决于你做什么工作，有什么地位，而是取决于你是不是单身，有没有娃。

单身的，再穷也有精致的瞬间；

有娃的，再富也有吃土的时刻。

中年人的表面富裕程度和实际吃土量是成反比的，绝对是和娃挂钩的。

有一个娃的看起来都是中产；

有两个娃的看起来全是土豪；

有三个娃的绝对是土豪里的战斗豪。

但是，千万别被这表面的虚荣给骗了。

不瞒你说，每次给娃花大几百买一大摞进口全彩页绘本的土豪老母，月黑风高时都会在微信读书上辛辛苦苦攒读书币看免费电子书。

带娃看电影必买 imax+ 杜比环绕 4D 大片的土豪老母，四下无人时都会找朋友要盗版影院偷拍版免费大片资源库。

眼都不眨就给娃办了迪士尼年卡和坐拥十几个米老鼠耳朵的土豪老母，跟闺蜜出去喝个下午茶也会因为要凑够拼团人数而一拖再拖。

每次指定要 188 元打底的店长给娃亲自剃板寸头的土豪老母，跟 Tony 老师说得最多的话是：不烫，不染，不办卡，谢谢。

你以为这些中年老母克扣自己是因为差钱吗？笑话，从她们的孩子情况来判断，她们个个不差钱。

这种反差萌令中年人成为社会上最神秘的一道风景线，我们家里的四脚吞金兽岂是浪得虚名……

吞金兽有什么办法，他也很无奈啊，又不是人家自己要上兴趣班的……

养娃这件事真的就像去快餐店买套餐。

我买了一个"单娃套餐"，觉得挺牛 x 的了。隔壁上来就点了"二孩龙凤双拼套餐"的大哥让我自惭形秽。不过很快，旁边另一个点"二孩俩儿豪华套餐"的大姐让我们都黯然失色了……

至于"仨男娃顶级限量版套餐"，乃人生赢家也。这绝对是要领国家贡献奖的英雄全家桶吧。

那个仨男娃套餐人生赢家前几天和我一起吃饭，向我咨询"哪些学校是寄宿制的"。

我们一起研究了半天，发现寄宿制的学校都是又牛又贵。

人生赢家一拍大腿："没事儿！报！寄宿一个算一个。"

我感觉寄宿学校的校长怕是要见到土豪本豪了，怎么，你们这是要当寄宿世家啊！

吃完饭，她拿着结账单趾高气扬地对我说："这顿饭你请。"

在全家桶面前，我们只有一个娃的老母就显得比较被动了，不买单真的说不过去，一切为了文明和谐自由平等诚信友善。

现在站在学校门口，你以为迎面走来的是一队队的小学生吗？那明明是北京二环的半个小区啊！明明是一辆辆行走的悍马保时捷啊！

再看看门口的那些爹妈，中午吃的便宜盒饭劣质地沟油的余味还留在半秃的头顶心，久久不肯散去……

但这并不影响我们的社会地位，现在连大数据都知道我不缺钱，接到的推销电话都是内环精装修大平层和地铁上盖 500 平商

扶我起来
我还能再报一个补习班

铺，我骄傲了吗？

我真的不好意思告诉推销的："大兄弟，我没钱。"

中年人的哭穷真的非常有戏剧性——

虽然我给女儿报 1600 一次的一对一赛前大师舞蹈课，但我连咖啡都喝袋泡的啊。

虽然我带娃出去旅游都是五星级酒店，但我自己连地铁都嫌贵，只想骑共享单车啊。

虽然给儿子报美术课都是上万的，但我六年都舍不得换个手机啊。

虽然我给熊孩子买 AJ，但我在 TB 上连 100 块的裤子都收藏了俩礼拜还不买啊。

虽然我只试听了半节课就毫不犹豫给娃报了两万多的英语班，但我连买一送一的三位数写真都舍不得给自己拍啊。

虽然我给娃买了五位数的大提琴都觉得亏待了他，但我给自己入个 300 多的尤克里里都陷入了深深的自责啊。

我娃近视了，立马买了 6800 的按摩卡，一周两次；我颈椎病十几年，888 的推拿就是嫌太贵。

托人给娃带几大盒澳洲蓝莓越橘护眼片大几千；自己吃个水果至今还没实现车厘子自由。

上街随便逛逛就给娃报了个书法班；想好了给自己买个结婚

纪念日礼物，兜了半天商场最后买了一个儿童保温杯。

给娃团购＋抢购了五位数的兴趣班，觉得自己捡了大便宜开心一整天；为参加婚礼买件三位数小裙子，心里斗争了一下午。

在哭穷这件事上，谁也打不过中年人。

如果你问她天天过着挥金如土的日子，到底穷在哪里？

她会告诉你："你生个娃试试，不行再生一个。"

▌十三说

"我用的是不是最好的"已经不在考虑范围内，"孩子用的都是最好的"才是这代妈妈思考的重点。有点可悲的是，有很多时候，不是我们要不要给孩子选更好的、更贵的，而是我们不得不做出某种选择。

在我身边，几乎没有发现过从没给孩子报过任何兴趣班、课外辅导班的家长。当我在孩子小时候信誓旦旦说绝不给孩子报补习班的时候，真的没有意识到我处在一个几乎被人推着前行的世界。到了某个时候你就会知道，有些钱不是你想不想花，而是你什么时候花，或早或晚，总是要花的。

7

三十多岁的女人学起了奥数

我不知道你们啊，反正我经常挺佩服我家孩子的。

若时光倒流，让我回到童年，过上和他一样的日子，我是拒绝的。

毕竟那个时候我所有的知识储备都来源于正儿八经的学校，上个学就仿佛拥有了全世界，不光掌握了全部升学所用的语数外知识，还认识了张海迪赖宁焦裕禄孔繁森以及雷锋，精神世界是饱满的，知识体系是完善的，平等的。当年上学的孩子都算是国家的好苗子，我们才是真正的国家教育培养出来的一代。

到我家娃这一代，国家只能给你在白天托管一下打个根基，开枝散叶得自寻出路，得靠晚上和周末、节假日、寒暑假拔高自己。学校里能考第一没啥光荣的，没有奥数证书、口语证书、考级证书的少年儿童，都不是祖国的好苗苗了，就像缩在灌木丛里的矮树，永远也挤不进胡杨林。

除了佩服孩子，我还挺羡慕我爸妈。

毕竟这二三十年来我爸妈每天晚上最后一道工序就是吃饭。晚饭后的自由活动时间可以遛弯、看电视、串门、聊天、赞扬国家赞美党、憧憬未来。

还有他们的双休日一派祥和，周六的早上我妈喜欢放一段《图兰朵》的黑胶碟，兴高采烈地做早餐、拖地板、洗衣服，然后全家逛街、逛公园、看电影、走亲戚、逛菜场精挑细选弄几个好菜度周末。

我想着等我长大了就能过上同样的潇洒日子了，结果怎么和我想象的不大一样……

我这一代当爸妈简直更伟大了，除了做饭洗碗拖地板洗衣服，平常晚上没有自由，陪作业、签字、做手工、准备PPT、复习班级微信群各项指示……

双休日陪读奥数、英语、作文和阅读理解，篮球足球羽毛球棒球游泳跆拳道，钢琴小提琴大提琴单簧管长笛小号，四处打探军情，不漏掉各大培训和比赛，在鸡血妈扎堆的地方练功运气冥想禅修……

我们这国家培育出来的一代人，现在在替国家培育下一代。

中年精英的头发是怎么掉光的？一半因为房价，另一半因为奥数。

我们这圈里有太多高知和精英，海归和985的一众英雄好汉如今个个表示挫败感连连，一大半原因是搞不定娃。

"我女儿的奥数题，弄得我熬夜到一点半。上一次这样熬夜还是在七年前评职称的时候……"——出自复旦金融系03届毕业生。

奥数题不会做，令好多中年人焦头烂额，心神恍惚，意识中的焦虑感与日俱增。焦虑是因为这不是一个学科问题，已经成了社会问题了。当你仔细研究后发现自己不会做奥数题的原因并不是自己太笨或是题目太难，而是这些孩子从刚会掰手指头算十以内加减法的时候，就已经进入美其名曰"思维拓展"而实际只是在学几个套路的畸形教育之中，而这些套路都是为了一个自私的目的——父母想让我变成牛娃。

精致的利己主义哪里是什么优秀高等学府的蛀虫，恐怕从幼儿园就开始了吧。

不光复旦金融系的不会做，同济建筑系的也不会做，师大数学系的也不会做，大不列颠回来的拥有IAA证书的数学尖子也不会做。

就算你会用微积分、极数、空间解析几何、线性代数和常微分方程求出个答案，也是不得分的，因为方法不正确。

我小学时候可以说是尖子生了，门门科目都好。有一次我和几个同学突然被老师点名叫到一个教室里去进行集训，说是参加一个"华罗庚金杯数学邀请赛"。听名字非常牛的，我当时脑子里就泛起一个念头，"像我这样优秀的人，一定是冠军吧"，结果我第一轮初赛就被刷了下来。

虽然低落了一阵子，但我很快领悟了两个道理：第一，数学竞赛这个东西，能上去的真是凤毛麟角，其他方面再好，也不见得在数学竞赛方面真是这块料。第二，没有长期系统的培训和练习，临时抱佛脚就等于给人当陪衬。

这个理念伴随了我多年，直到自己有了孩子，发现我错了，根本就是所有孩子都是这块料啊，这不人人都去学奥数了吗？好多看着资质平平的娃不也得奖了吗？

上二三年级的孩子常有惊人的套路概括能力，"这是个相遇问题""差倍问题""鸡兔同笼问题""盈亏问题"，你看，三言两语，一个解题套路就出来了，看起来很了不起吧。

中年人开始慌了，如果不跟着一起学，假以时日必定是辅导不了孩子的，但老师说了，父母是孩子最好的老师，这可怎么办？

于是中年人大规模学奥数的风气席卷了大城市，以北上广深为代表的一线城市，和为了冲向北上广而努力的二三四五六线城市，都掀起了家长学奥数的热潮，学习热情空前高涨。

每天晚上大人孩子挤在一起埋头钻研，谁也做不出来，埋怨对方是笨蛋，做出来的一个人有资格嘲笑另一方。

一到双休日，成群结队的家长带着孩子走进学而思、四季、百花等足以扭转乾坤的学府。他们面无表情，锁眉沉思，俩小时后再带着僵硬的脸庞和麻木的四肢走上街头，宛如一大批行走着的僵尸，这不是演习！这不是演习！

不少中年理科男开始暗自窃喜，自己徒有一身数学好手艺，如今正是大放异彩的世道，在老婆孩子面前露一手，提高点含金量也是好的。于是他们下载了大量的 PK 数学技能的公众号、App，钻进各种论坛，准备大显身手。时常能看到他们在朋友圈里抛出一道难题，当没人解得出来的时候，就是他们开始嘚瑟的时候。

这样的数学天才辅导孩子应该没大问题了吧，然而并不是这样。

奥数的难度，不在于你有多高的学历，你掌握了多少知识量，而在于"你一定要去听奥数老师讲套路"。

听过套路的，题目瞬间迎刃而解；不懂套路的，做起来抓耳挠腮大汗淋漓。正所谓"充电 1 秒钟，纠结 2 小时"啊。

我写过一篇《一个学而思倒下去，一万个学而思站起来》，写完之后一个朋友跟我说，你一个没去过学而思的竟然比我这个读了一年学而思的更懂学而思啊。然后她给我讲了一个笑话，说学而思要求家长上课时旁听，目的是回家可以辅导孩子做作业，所以她也下定决心要成为一个奥数尖子，在探索的道路上寻找智商的第二春。

有一次她参加同学聚会不得不缺课，派了老公去旁听。结果这个"没出息的东西"一上课就开始睡觉，一句话没听。回来后儿子作业做不出来，她说"问你爸去"，爸爸说"问你妈去"。然后两人顶嘴，越吵越凶。最后冷静下来，觉得作为一对医学硕士研究生真不该被几道奥数题吓得不敢面对，于是三个人一起去做。花了两小时，做完竞赛模拟卷上的四道。最后她说，为了世界和平，果断放弃了要求陪读的奥数学校。

但是奥数没有放弃，换个地方继续虐心。

看吧，让中年人谈放弃，就等于告诉他你的人生结束了。奥数如同一个标尺，在没有什么更好的标准来衡量能力的情况下，这个标尺哪怕再扭曲，也还是全民认可的，这才是最虐心的、最令中年人毛骨悚然的地方。

学奥数的中年人，眼看着发际线朝向天际，奥数题还没做完，其他补习班的头发都不够掉了。想着要不要去植个发，向天再借500年，又是一条有头发的好汉。

十三说

不光奥数，随着孩子成长，从幼儿园到小学到中学，每个妈妈要学的东西数不胜数。

幼儿园时学会了许多种手工技能，做小报本领，插花艺术，养蚕宝宝的注意事项……

后来妈妈们要跟着学乐器、学跳舞、学画画、学篮球足球，凡是孩子要学的，妈妈们都自学成才……

同时，还自学成了半个医生、半个老师、半个心理学家，以及半个米其林大厨。

8

一边情绪崩溃，一边哈哈哈哈

一个朋友在微信里发来一大段吐槽：

今天从隧道出来右转被交警拦住，说我右转到一半才开始打转向灯，扣一分罚一百。

后座上还坐着赶着去上辅导班的孩子，我也没力气争辩。

那一刻，我忽然想——如果我像杭州那个小伙子一样，抱着方向盘号啕大哭，来个绝望主妇版的路面崩溃怎么样哪？

你知道又要工作又要带娃，每天只能边吃饭边开电话会议有多抓狂吗？

你知道一周七天要赶 N 个辅导班浦东浦西来回跑有多辛苦吗？

你知道我虽然有个老公可他永远周一出差周五回来帮不上任

何忙吗？

你知道我连开车都在教小孩子做算术题还要伪装成游戏吗？

你知道我为了幼升小彻夜失眠经常睁着眼睛到天亮吗？

你知道我辅导孩子作业撕了孩子最喜欢的玩具晚上孩子睡了我心疼得直哭吗？

呜呜呜呜我都这么惨了你还拦我说我没打转向灯？打灯？我想打人好吗？？

然而，杭州那小伙子毕竟还是年轻啊，老阿姨我连抬头多看一眼帅警察的力气都没有，坐在车上默默等着罚单开下来，面无表情地开走了。

真的，但凡你还有力气哭，你就是累得还不够透。

收到这段内心独白的时候我正在忙，没及时搭理她。十分钟后，我仔细看完这部短篇小说《一个戏精的遭遇》，然后回复她："你今天这么惨啊，哈哈哈哈哈！"

过了半分钟，她回："我女儿被老师表扬啦，还上台领奖啦，哈哈哈哈哈！"

嗯？绝望的主妇呢？倒霉女司机的呐喊呢？悲催老母的嘶吼呢？濒临崩溃的中年妇女呢？怎么这么快就忘了？

嗯，她确实已经忘了早上那段惨痛的人生，内心戏在一瞬间爆发宣泄之后，灵魂深处果然就只剩下了 love & peace。然后只要碰上一点芝麻绿豆大的小惊喜，世界便太美好了。

女人嘛，就是这样，尤其是当妈的女人，有时候她们表现出的哀伤是演给自己看的，外人看来以为她似乎被触碰到了心底的某个软处，实际上人家的心依然坚硬得如同金刚钻。但这金刚钻又很没骨气，稍微哄一哄就轻飘飘了。

中年老母每一次惨兮兮，凡是能说出来的，都是用来让其他老母开心开心的。想让她们真的崩溃，简直太难了，因为她们的情绪起伏规律太野了。

谁不是一边情绪崩溃，一边哈哈哈哈。

大部分时候，碰上感到憋屈的事，自说自话叨叨几句也就过去了，也不会真的需要谁来安抚宽慰，前一秒"人生没意思"，后一秒"再活 500 年"，崩溃与重生之间，有时候只隔了一杯奶茶的距离。

做女人啊，最大的本领是在瞬间调整好自己的情绪，把自己拉到 high 位，以迎接下一个人生低谷。

每一天，这个地球上都有无数个老母，在不断做着自我救赎。一秒钟内能分裂出 N 个自我，在一轮又一轮的博弈中，云淡风轻地抵达了分裂的终点。

在我们家，大家都心照不宣的一件事就是：一个家庭，只有妈妈开心了，全家才会开心。

然而，即使我开心的时候，也不是完全安全的。比如：

"今天考了几分？"

"100分。"

老母眉开眼笑，凑上去又亲又抱。

"几个100？"

"25个。"

这么多100的？这个世界真是残酷啊，怎么每个孩子都是牛娃。平时一个个都说不学习、不辅导，一到考试都100分？唉，我们这样实诚的，真的不学习不辅导的，得个100分也只不过是在被碾压的边缘挣扎。

不开心了。

情绪从巅峰摔到谷底，只用了15秒。

这时候能拯救我的只有别的老母打来电话："气死我了，我家熊孩子才考了90分！"

"哎呀，90分不错啦，小孩子嘛，粗心总是难免的。下次仔细点就没问题啦！没事没事！"

情绪从谷底飘回到珠穆朗玛峰，只用了3秒。

挂掉电话，哈哈哈哈哈哈哈。

每一个老母都是自我调节情绪的高手。谁需要什么心理医生啊，谁要进行什么精神卫生与健康教育啊，我们自己就是精神卫生主任。

娃小时候，有一次我跟我老公为了他乱丢袜子的事情吵架，扯到了坏习惯如何影响世界和平，谈到了人生观、价值观和育儿观的分歧，最后上升到了性格不合无法共同生活的高度，感觉到了需要离婚的阶段，内心已经开始分割财产了。

这时宝宝从屋里走了过来，我马上像个痴呆患者一样冲过去亲亲抱抱举高高，操着一口弱智口音跟娃说："宝宝想爸爸妈妈啦，想和爸爸妈妈一起玩什么呀？"

濒临离婚的两口子突然又组建了个五好家庭。

晚上陪娃做作业陪到心脏室颤，一出房间看到坐在沙发上那坨如山的父爱，心里飘起了凛冽的北风。为什么我要生孩子？为什么我要有老公？

心一横，抓起包夺门而出！

出门 10 秒后听到对面人家老母正在训娃："你怎么又给我闯祸！老师又来找我投诉了！"

我想起了儿子乖巧天真不惹事，回忆起父子俩在一起不给我添乱时的美好时光……左转 100 米冲进便利店买了一堆娃喜欢吃的零食，回家了。

一边让儿子吃着刚买的薯片，一边在心里骂了自己一万遍："神经病啊，不要面子的啊！"

十三说

中年老母在崩溃和自救的边缘反复试探，研究出了很多妙招。

有一次一个朋友告诉我："别管你有什么不开心，去逛菜场，逛完就觉得什么都买得起，生活质量真的挺高的，然后你就想开了。"

亲测有效。

高端大气的也有——我的一个朋友，随身携带《资治通鉴》，一不开心就掏出来读一读，读完就好多了。她说："每次读都看不懂，看不懂还能活得这么幸福，不得感恩吗？"

这个方法也值得推荐。

如果以上方法都嫌太烦琐，也有简单的，比如我的一个二孩老母朋友，心情不好的时候就看手机，她手机屏保以前是李敏镐，现在是彭于晏，有时也是郭德纲，逢考试前后换成各种符。

这种方法成本低，高效。

但最好的方法还是交朋友。这世间有一种天使，就是专门给人增加幸福感的，比如学渣的妈妈，又比如猪队友的配偶。珍惜这些难能可贵的朋友吧，她们一定能让你远离情绪崩溃，永远哈哈哈哈。

9

自从不要面子之后，朋友都多了

当你和中年妇女在一起交流久了，就会发现合群的人为什么合群，其根本原因是，中年妇女社交的愉悦感与不要面子的尺度成正比。

活到一定岁数你就会发现，老公是用来锻炼你的"爷性"的；孩子是用来磨炼你的意志的；而真正能让一个中年妇女身心健康的，只有中年妇女。

她能依靠几十年的生活经验，从西医专家到中医圣手挨个跟你介绍一遍，急群众之所急，帮你解决任何身体问题；她也能从科学原理到玄学推理挨个给你分析一圈，想群众之所想，拯救你的精神困扰。

当然，这些都是基础款社交方案。对于更多人来说，更重要的社交能力其实不在于你掌握了多少治疗手段，而在于你自己放弃治疗的程度。

女人最松弛的状态，就是卸下盔甲，撕掉伪装，别说面子了，里子都可以不要。

这个优点，令我们彼此间的相处和谐舒适，如沐春风。

要做到"不要面子"并不难，它是当今妇女交朋友的衡量标杆。下面提供几种不要面子的有效社交技能，仅供参考。

（1）有啥倒霉事说出来，连自己都开心

社交这件事真的看道行。

道行浅的把自己的开心事说出来，气一气别人；

道行中等的把自己的倒霉事说出来，让别人开心开心；

道行深的是倒霉事说出来，连自己都开心。

尽管能让两个女人加速情感升华的标准手段是"各自黑老公＋彼此夸孩子"，但在高阶的社交中，"夸彼此的孩子"还是略显做作和浮夸，效果仍不如"把自己娃先黑一顿"来得痛快。

有一次大家在一块儿聊娃，一个朋友说："哈哈哈，我儿子，哈哈哈哈，每次我说他考得不好的时候，哈哈哈，他就说，哈哈哈哈哈，我怎么不好了，哈哈哈，我考C，哈哈哈，你看那个谁，还考D呢！哈哈哈……"

先不考虑内容，就看这一顿哈哈哈的描述方式，气场，态度，就已经拉近了自己与世界的距离。

此时你就会像戴上了电影里那种高科技眼镜一样，瞬间对眼前这位中年妇女做出了画像分析——

性格开朗，+1分；

黑娃黑得到位，+1分；

爱笑的女人运气不会太差，+1分；

孩子是个学渣，+97分。

个满分中年妇女诞生了，你一定会想要和她交朋友。

毕竟我说过："敢于曝光自己孩子是学渣的妈妈都是人间天使，敢于把孩子是学渣这件事一笑而过的妈妈，更是与众不同。"

她们用自己宽广的胸怀和高尚的情操，抚慰着这个世界的焦虑。经常和她们聊天，有助于改善你的亲子关系。

当然，善于把自己的老公黑着黑着也笑了起来的女人，也一定不是个正常人，不是一个庸俗的人，和她在一起，一定也能帮助缓和你的夫妻关系。

如果遇到这种说倒霉事的时候连自己都开心的中年妇女，一定要珍惜她。

（2）谁P图软件玩得顺溜，谁就最美

中年女人保养主要看P图软件。

以前同学聚会时我们常说，读书时还能分出什么班花校花，现在几乎分不出了，因为现在只看"片花"，在照片里，人人都能把自己变成一朵花。谁P图P得好，谁就是真的美。

这个真不是玩虚的，人生是有限的，青春是短暂的，照片倒可以永流传……

所以别老嘲笑中年妇女P图，你们根本不懂女人格局大起来有多大。未来我重重重孙子拿着我的照片说"你们看，我的太太太奶奶真美啊"的时候，你重孙子拿着一张你的未P原图，默默地低下了头。

你看，就是因为你死要面子，搞得你后代很没面子。

中年妇女对P图这件事直言不讳，看作正常。当那些扭扭捏捏的年轻女孩，在P了三小时后拿着一张痕迹明显的照片过来说"我最近脸色不好"的时候，中年妇女笑而不语，掏出一张P了5分钟的照片："看，我P得多好，像不像王祖贤？"

女孩可能会目瞪口呆，这个姐姐真不要脸。不过没关系，再过几年她也会这样的。

曾经有一个朋友，当我们一群女人合完影之后，她P完自己就发朋友圈了。然后她失去了我们。

前几天我们在海边散步，大家拿出了自拍杆说来拍照吧，我们互相看了一眼，都没有化妆，然后就放心了。

一顿狂拍之后，我们非常理性地把照片群发给了每个人，强调了一下："大家只要 P 自己，别管别人。"

P 完之后，交流了一下技巧。中年妇女 P 图歧视链诞生了：只会加个滤镜的＜滤镜＋磨皮＜滤镜＋磨皮＋瘦脸瘦身＜滤镜＋磨皮＋瘦脸瘦身＋美妆。

我们一群人站在原地，欣赏着自己 P 好的作品，每当一个孩子路过，我们就拉住他问："小朋友，你觉得这些阿姨当中谁最美？"

孩子诧异地环视一圈看着我们。

"不不，不要看我们，看照片。"

（3）有人性，没异性

人间最凶猛的"嘴炮"可能就是中年妇女之间的了。我们可能会集体憧憬一下："晚上穿得美美的，去海滩喝一杯，口红涂一下吧，万一偶遇帅哥呢？"

没有万一，一定会偶遇的。

每一个肩膀宽厚、肌肉紧实、八块腹肌、阳光帅气的帅哥从我们面前飘过的时候，总会有来自不同老母夹杂着口水下咽的慨叹：

"哇！看这小翘臀，和我儿子一模一样！"

"天哪！我儿子再过五年应该就是这样的了！"

"嚯！你看他冲浪的姿势多帅，和我儿子差不多！"

你会惊讶于大家每次的赞美都不带重样的。

实在没有什么可说的，还可以说："这个小伙子牙真白，但我儿子牙就不行，你们谁认识靠谱牙医啊？"

然后就是育儿亲子小讲堂时间了。

当然，中年妇女也不缺更挑战人性的艳遇。

当一个长得很像木村拓哉的男人优雅地走过来坐在你旁边时，如果你幻想着打开灵魂的大门，用优秀的人格魅力感染他，从而来一场心灵火花碰撞的时候，木村拓哉说："大姐，有防晒霜吗？"

"走开。"

事实证明，异性永远不靠谱，能让我们感受到人间真善美的，还是中年妇女之间的那点惺惺相惜。

在女人的社交圈里，不端着是非常重要的一个技能。

不能否认有一些人追求所谓的"精致优雅"的假象，比如在吃饭的时候满嘴减肥瘦身，在老夫老妻面前表演恩爱如初，在焦虑老母面前秀孩子奖状什么的……

她们的特长是把自己的（也许非常空洞的）开心说出来，提醒别人意识到自己的倒霉……

但我们常说，人终究是社会动物，比起让自己独乐乐，让大家都开心才是最终让自己真正实现快乐的正确途径。

毕竟女人的友谊是塑料的，不要面子则可以在这塑料之上加上一层最闪耀的钛合金。

▌ 十三说

随着年龄的增长，会感觉能彼此交心、志同道合的真朋友越来越少，而最终能亲密无间走到一起的，往往是放下了所有面具、把自己最粗犷的一面暴露在对方面前的那些朋友。当我们已经不是花季少女的时候，少了很多可以炫耀的资本、多了很多累赘之后，能让我们真正开心起来的，也正是这些足够理解我们的处境、能够感同身受、不装模作样也不彼此嫌弃、不怕把一地鸡毛互相展示给对方看的朋友。

岁月除了让我们的年龄增长，也在帮助我们成长，让我们学会用更宽广的视角去审视自己的内心，知道需要什么、不需要什么。我们学到的越多，就越喜欢做减法，只留下值得珍惜的人和事，这就是女人真正成熟之后才有的大智慧吧。

10

最励志的女人，就是把自己做好

别看中年妇女体重稳定持续走高，但却越来越容易飘。

前些天孩子学校的科技节，一个全职妈妈为了参与亲子项目，一天时间内把"世界算法演变史和 5G 的发展撰写成中英文双语展示报告"而被大家竞相夸奖，这位妈妈眉目间露出的"飘"的神情，藏也藏不住。

能让自己飘起来的最好方法，就是把自己变成更好的自己。

我和身边很多妈妈都有过这样的想法：如果说有一件事情是可以让自己春开二度、永不凋谢、备受关注、存在感节节提升的，那这件事一定是件不容易且高级的事，小到随手能做出高中物理竞赛题，大到取得惊人的成绩，重新走上人生巅峰。

关于这一点我其实很有体会。

今年中秋节，我收到了大大小小的礼物，粗略数了数有三十多件，除了月饼还有一些小纪念品和周边礼品，送我礼物的人来自跨界的好多个领域，其中不乏在若干年前令我仰视，不敢想象有一天会认识的大咖。

几年前，当我还没有开始写公众号时，很多大咖是我眼中高山仰止的存在，是我的偶像，是我认为这辈子只能仰视而不可能平行的人物。

经过两年多没日没夜一个人的死拼，我从无人问津、没人关心的小公众号写手，成长到了可以和那些曾经仰望着的大咖交朋友的高度。

当从一个以前不敢和他说话的人口中听到他对我说"我很喜欢看你的文章"时，我觉得一切的辛酸付出都很值得了。

现在，他们把我当朋友，也经常分享他们认为好的东西给我。我从一个在他们面前感到自卑和怯懦的普通中年妇女，变成了充满自信地与他们探讨各自的内心世界的不普通的中年妇女，其中的跨度，是我认为最励志的一种攀爬。

过去的一两年中，我把自己的事业做了起来，成为大众口中的 KOL。在某个领域，成了引领风向和独树一帜的招牌，有赞美有诋毁，也碰到了以前碰不到的烦心事和糟心人，但这一切都无法改变一个事实：年龄不会拖我的后腿。

我从 35 岁开始进入自媒体的圈子，在这个关注者的平均年龄二十多的平台里，我是一个看起来不太和谐，也不太可能出头的人。但所有曾经告诉我"不会出头"的人，每年我都会给他们一次集体打脸的机会，我没有骄傲，我是在证明，也给其他一些瞻前顾后、因为年龄问题而不敢起步、觉得专业不对口不敢尝试、担心能力不够而不肯学的中年女性一个很好的示例。

　　最近，我从一个默默的码字者，逐渐被关注者和喜爱者托出水面，走向了更多的圈子。虽然感觉非常莫名（领域不一样），但我很感激也很欣喜我会被邀请参与到时尚界、旅游界、娱乐界的一些活动中。我问自己：为什么作为一个不是圈中的中年妇女，我会被他们关注和喜爱呢？

　　也许我的作品是一方面，但比起"作品"带来的作用，更重要的是我作为一个"人"的精神力量吧。我做公众号后认识了很多朋友，我们彼此认定对方的方式是"你是否努力和有开创精神"，而不是看"你很会赚钱"或"你拥有很多粉丝"。在很多时候，"努力"是不需要你来宣布的，别人会通过你的故事、你的经历、你的成果去感受，甚至换位思考去体验，然后对你由衷感到敬佩。

　　其实若三年前我没有注册账号成为一个自媒体人，我的人生轨迹会在另一个方向上，完全不同。找对路非常重要，但努力做好在这条路上的自己，才是最最重要和核心的。

最近有朋友咨询我，说想开抖音账号，但有点怕做得不好被人笑话。我跟她说了两点：第一，越有功利心，越做不好；第二，想好就做，越拖越完蛋。

以前如果我这样劝她，可能会被认为抱着一种"看热闹不嫌事大"的心态，但如今我说这话带着近乎权威的自信，她相信我给的建议，因为我就是一个最好的例子。

励志的中年女人，不是靠嘴巴说，也不是靠讲别人的故事，最励志的事就是用自己的经历举证；最励志的事，就是把自己做好。

十三说

大多数女人在婚育之后，不是没有动力进步，而是被时间和琐事拖垮，这是一个很大的现实障碍。我也认识不少原本很出色的职场女性，在当妈之后不再追求事业上的进步，甚至辞职了。这是每个人的不同选择，无可厚非。但我总觉得，你可以在形式上对生活进行任何改变，比如从职场回归家庭，比如把繁忙从事工作变成重心倾向家庭，但无论怎样变化，内核的"追求"是不能变的，那就是一种精神上的持续向往。

有很多妈妈觉得照顾孩子和应付生活已经让人心力交瘁，怎么还有工夫去追求自己的精神向往呢？她们错误地以为追求精神富足是一件麻烦和拖累的事情，其实恰恰相反，用精神的不断升级来充盈自己之后，当你面对那些糟粕和鸡毛的事情时，会更游刃有余。生活给我们的每一次苦头，都是甜品上来之前的小铺垫。就像我每一次在嬉笑怒骂中演绎着的女性百态，何尝不是由曾经亲身经历过的各种小失望、创痛、灰心和沮丧堆砌而成，而我在追求新的事业和成就的过程中，却能把那些过去的灰色幻化成彩色，一笑而过，带着豁达和期待，也可以引领很多有着共同内心经历的姐妹一起追寻不一样的人生体验。

　　这是一种莫大的快乐，来自生活，来自好的、不好的经历，来自自己的选择。